Usando o Computador na Melhor Idade
sem limites!

Usando o Computador na Melhor Idade
sem limites!

Wagner Cantalice

Editor: Sergio Martins de Oliveira
Diretora Editorial: Rosa Maria Oliveira de Queiroz
Assistente de Produção: Marina dos Anjos Martins de Oliveira
Revisão: Maria Inês Galvão
Editoração Eletrônica: Abreu's System Ltda.
Capa: Raul Rangel

Técnica e muita atenção foram empregadas na produção deste livro. Porém, erros de digitação e/ou impressão podem ocorrer. Qualquer dúvida, inclusive de conceito, solicitamos enviar mensagem para **brasport@brasport.com.br**, para que nossa equipe, juntamente com o autor, possa esclarecer. A Brasport e o(s) autor(es) não assumem qualquer responsabilidade por eventuais danos ou perdas a pessoas ou bens, originados do uso deste livro.

Dados Internacionais de Catalogação na Publicação (CIP)
(Câmara Brasileira do Livro, SP, Brasil)

Cantalice, Wagner
    Computador na melhor idade / Wagner Cantalice. -- Rio de Janeiro : Brasport, 2008.

    ISBN 978-85-7452-367-5

    1. Computação - Estudo e ensino 2. Engenharia da computação 3. Informática 4. Internet (Rede de computadores) 5. Sistemas de informação I. Título.

08-09316   CDD-004.07

Índices para catálogo sistemático:
1. Computação : Fundamentos : Linguagens e
máquinas : Processamento de dados : Estudo e
ensino   004.07

BRASPORT Livros e Multimídia Ltda.
Rua Pardal Mallet, 23 – Tijuca
20270-280 Rio de Janeiro-RJ
Tels. Fax: (21) 2568.1415/2568.1507
e-mails: brasport@brasport.com.br
              vendas@brasport.com.br
              editorial@brasport.com.br
site: **www.brasport.com.br**

Filial
Av. Paulista, 807 – conj. 915
01311-100 – São Paulo-SP
Tel. Fax (11): 3287.1752
e-mail: filialsp@brasport.com.br

À minha esposa Ezilene, aos meus pais Vagner e Eliete,
aos meus avôs e avós Ana, João (em memória),
Terezinha, Manoel e à minha avó de coração Ziza.

Sumário

Introdução

Neste livro o leitor terá em suas mãos a possibilidade de entrar nesse novo mundo da informática onde, mesmo que ainda encontre resistência para tal aprendizado, terá de uma maneira prática, com exemplos e bem passo a passo, a oportunidade de falar com familiares e amigos pela Internet utilizando o famoso programa MSN, reencontrar antigos amigos pelo Orkut, ler notícias de revistas e jornais, passar suas receitas culinárias para o computador, fazer cartões de aniversário, criar uma agenda de telefone dos seus familiares, criar planilhas com seus gastos, conhecer os tipos de computadores, ligar seus cabos e muito mais.

Tenho certeza que terá uma agradável surpresa ao conhecer as facilidades que o computador oferece e que essa tecnologia não é somente para os novos, pelo contrário, você que já passou por tantas mudanças nesta vida, merece usufruir deste novo mundo chamado Informática.

Bem-vindo ao mundo dos computadores!!!

Introdução à Computação

Conhecendo o Computador

Durante os últimos anos o computador sofreu várias mudanças, passando a ter uma aparência mais elegante e com uma maior potência, possibilitando tarefas antes só feitas em equipamentos caríssimos.

Hoje os computadores se dividem em:

⮩ Mainframe

Computadores de grande porte utilizados por organizações como NASA, defesa militar de países e outras aplicações de grande porte.

Figura 1.1

➲ Macintosh

São computadores pessoais da empresa Apple, conhecidos como computadores de alta capacidade que possuem programas específicos para eles, utilizados geralmente por profissionais de determinados segmentos como cinema, televisão, gravações musicais, designer gráfico e outros.

Figura 1.2

➲ PC

Figura 1.3

Essa sigla vem do nome em inglês Personal Computer (computador pessoal), que são os computadores pessoais que a maioria das pessoas tem em casa e no trabalho, conhecidos pelo preço mais acessível e por existirem milhares de programas para este tipo de computador.

⊃ Computadores portáteis

São os chamados notebooks ou laptops, que nada mais são do que computadores preparados para serem carregados para onde quiser, possuindo baterias que dão uma autonomia para utilizar o computador sem a necessidade de estar ligado na energia elétrica.

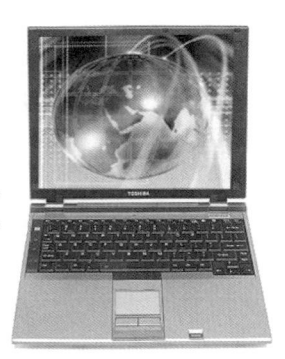

Figura 1.4

Principais Peças do Computador

Monitor

Responsável pela visualização dos dados feitos no computador. Os novos monitores possuem a tecnologia LCD, que economiza energia e não agride a vista de quem os utiliza, além de possuírem um melhor designer.

Figura 1.5

Teclado

Através do teclado podemos inserir comandos e digitar nossos textos como em uma máquina de escrever, mas com todas as facilidades e de uma maneira menos cansativa que só o computador oferece.

Figura 1.6

Mouse

Calma!!! Eu sei que este é o componente que gera a maior dificuldade no início da utilização do computador, mas veremos no decorrer do livro como utilizá-lo de uma forma simples e descobriremos que o mouse é uma grande ferramenta, pois determinamos com ele o que desejamos fazer de uma forma rápida e intuitiva.

Figura 1.7

Caixa de Som

Através das caixas de som podemos escutar nossas músicas, os
sons dos programas e jogos e até
mesmo escutar uma conversa que
esteja realizando com algum amigo
ou parente pela Internet.

Figura 1.8

Microfone

Com o microfone podemos gravar nossa voz ou utilizá-lo para
falar em conversas com amigos ou parentes pela Internet.

Figura 1.9

Estabilizador

Equipamento conectado à tomada onde
ligamos o computador para protegê-lo de
alguma variação na energia elétrica.

Figura 1.10

No-Break

Equipamento que, além de proteger de uma maneira mais eficiente do que o estabilizador, fornece uma autonomia de energia que, mesmo faltando luz, ele manterá o computador ligado por sua bateria interna, variando o tempo de duração de acordo com o modelo.

Figura 1.11

Gabinete

Este componente contém um conjunto das principais peças que fazem o computador funcionar.

Principais peças do computador que ficam armazenadas no gabinete:

Figura 1.13

⊃ **Drive de CD-ROM**

Peça responsável por ler CD-ROM no computador.

Figura 1.13

➲ Drive de CD-RW

Componente que lê e grava CD, armazenando assim dados como músicas, arquivos e outros.

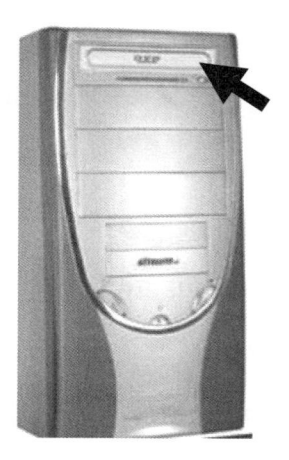

Figura 1.14

➲ Drive de DVD-RW

Este componente consegue ler e gravar CD e DVD.

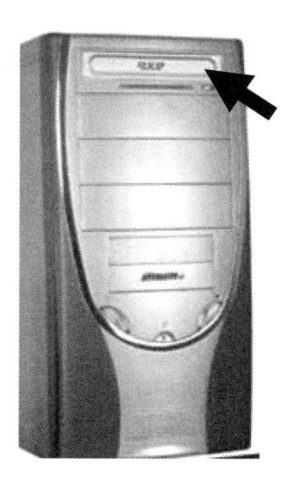

Figura 1.15

⊃ Drive de Disquete

Esta peça consegue ler e gravar disquetes.

Figura 1.16

⊃ HD (Hard Disk) ou Winchester

Esta é umas das principais peças do computador, sendo responsável pelo armazenamento de tudo o que é salvo no computador, ou seja, todos os programas e arquivos como: fotos, músicas e filmes ficam armazenados no HD.

Figura 1.17

⊃ Placa-Mãe

Esta placa eletrônica concentra todas as ligações dos componentes do computador.

Figura 1.18

➲ Memória

Esta peça é responsável pela execução das tarefas realizadas no computador. Em termos gerais podemos dizer que quanto maior a quantidade de memória, mais rápido será o computador.

Figura 1.19

➲ Processador

Responsável pelo processamento dos dados que, em conjunto com a memória, aumenta o desempenho do computador, dependendo do seu modelo.

Figura 1.20

➲ Placa de Rede

Permite que o computador se conecte a outros computadores em rede, trocando informações entre si. Esta peça também permite que o computador seja conectado à banda larga para o acesso à Internet.

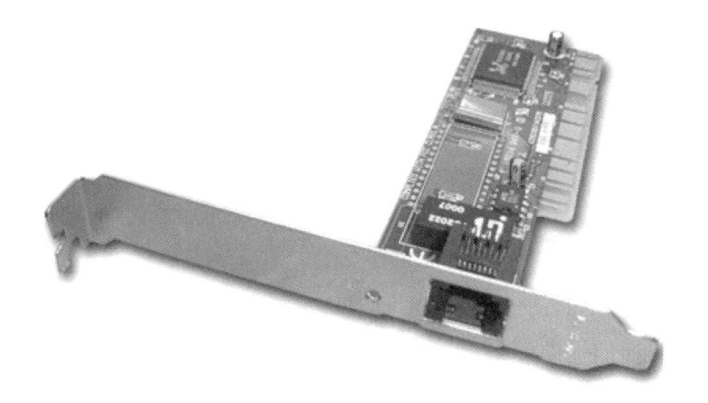

Figura 1.21

⊃ Placa de Som

Placa responsável por fazer o computador gerar áudio, ou seja, com essa placa o computador pode, através da caixa de som ou de um fone de ouvido, tocar músicas e executar o som de programas ou outros aplicativos.

Figura 1.22

⊃ Placa USB

Placa que fornece conexões para as novas tecnologias que podem ser usadas no computador, como a transferência de fotos da câmera digital, transferência de dados do celular para o computador, impressões e vários outros recursos que utilizam este tipo de conexão USB para realizar suas tarefas.

Figura 1.23

⊃ Placa de Vídeo

Esta peça é responsável por gerar sinais de vídeo para o monitor, ou seja, sem ela o monitor não consegue mostrar nenhuma imagem.

Figura 1.24

Impressoras

Este componente do computador imprime os trabalhos realizados, como cartas, fotos e outros.

Figura 1.25

Software e Hardware

Software

Software é todo programa e aplicativo instalado no computador, ou seja, tudo o que é virtual, que não pode ser tocado em um computador, é um software.

Portanto, quando escutar alguém falando que vai instalar um software no computador, nada mais é do que um programa ou aplicativo.

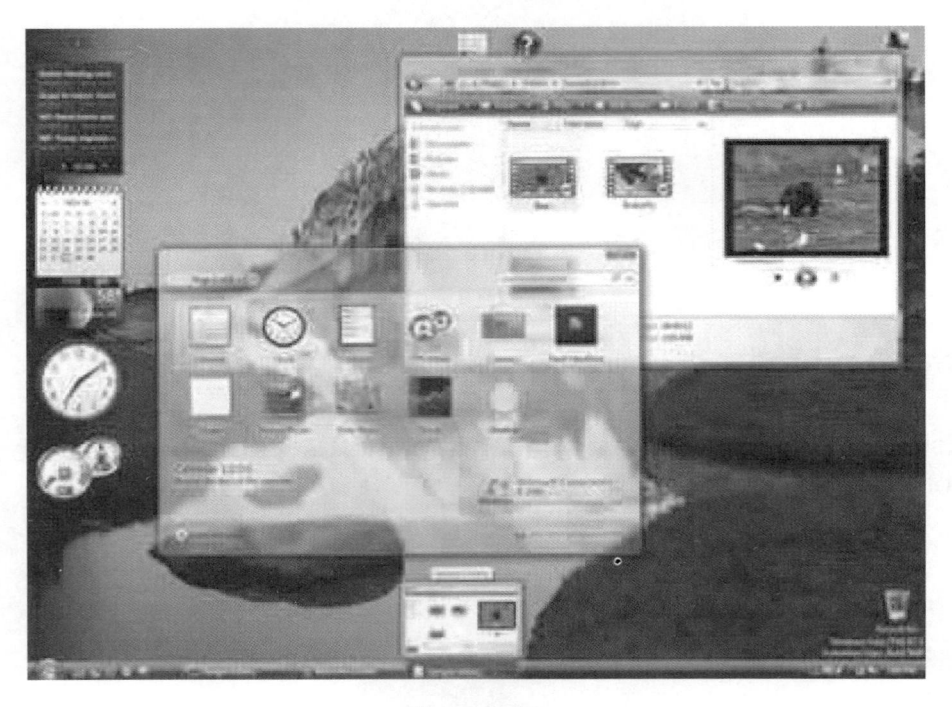

Figura 1.26

Hardware

Hardware é tudo o que se refere às peças do computador na parte física. Portanto todas as peças que conhecemos anteriormente como: monitor, placa de vídeo, mouse... são um hardware, ou seja, pode ser tocado.

Figura 1.27

Ligando o Computador

Uma das primeiras coisas que devemos aprender antes de utilizar o computador é saber ligá-lo.

Siga os passos:

Primeiro Passo

Estabilizador ou No-break
Ligue o seu estabilizador ou no-break na tomada, como mostra a ilustração a seguir.

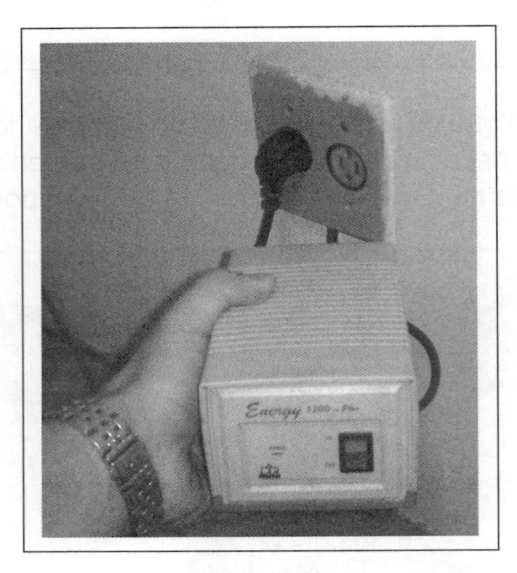

Figura 1.28

Segundo Passo

Cabo de Força

Ligue o cabo de força no no-break ou estabilizador e a outra ponta no gabinete, como mostra a imagem abaixo.

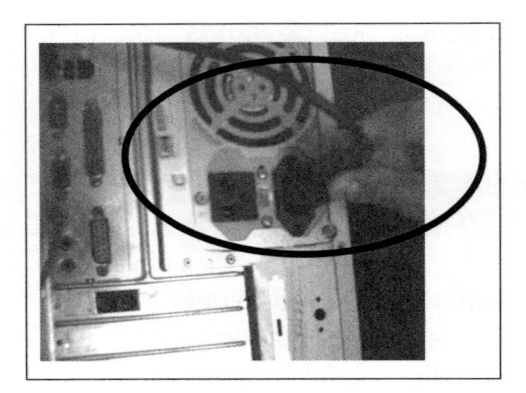

Figura 1.29

Terceiro Passo

Monitor

Nesta etapa ligaremos o monitor, conectando o cabo de força do monitor no estabilizador ou no-break e a outra ponta do cabo na parte de trás do monitor, como mostra a imagem abaixo.

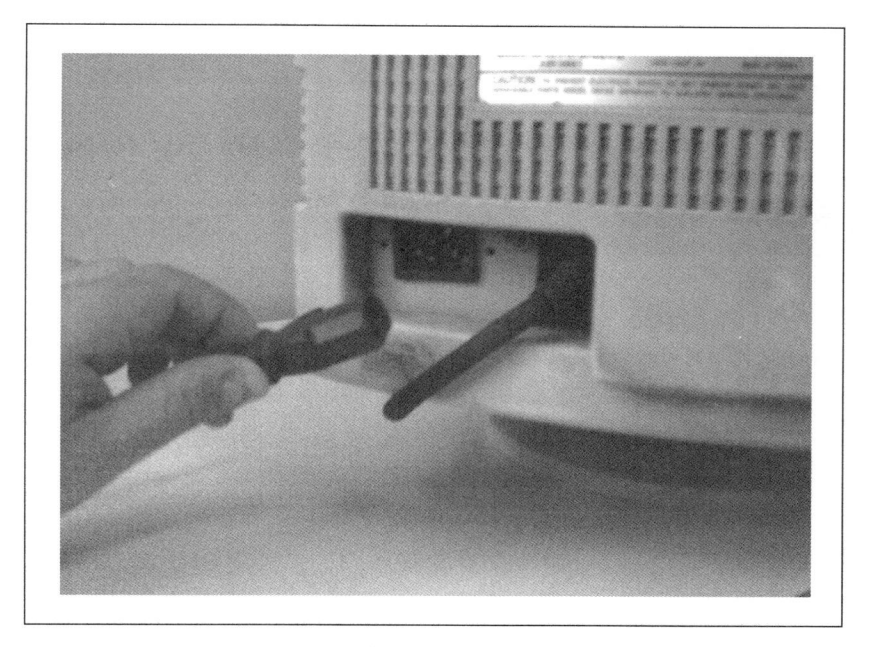

Figura 1.30

Agora pegue o cabo de dados e conecte na placa de vídeo situada na parte de trás do gabinete, como mostra a imagem a seguir.

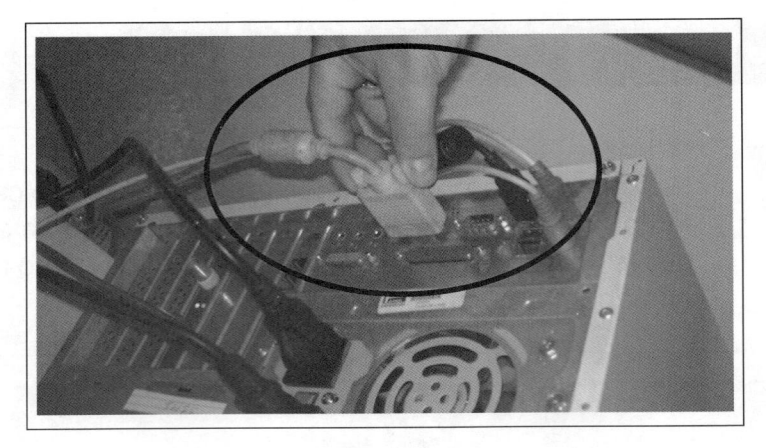

Figura 1.31

Quarto Passo

Teclado

Conecte o cabo do teclado no conector correspondente atrás do gabinete, como mostra a imagem abaixo.

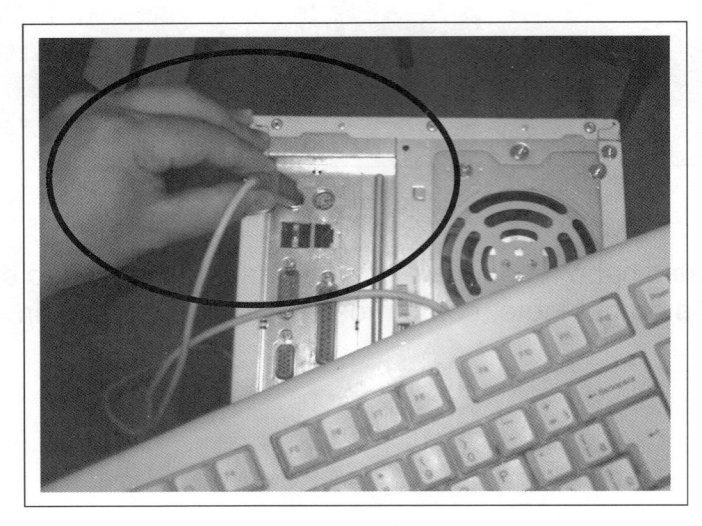

Figura 1.32

Quinto Passo

Mouse

Conecte o cabo do mouse no conector correspondente atrás do gabinete, como mostra a imagem abaixo.

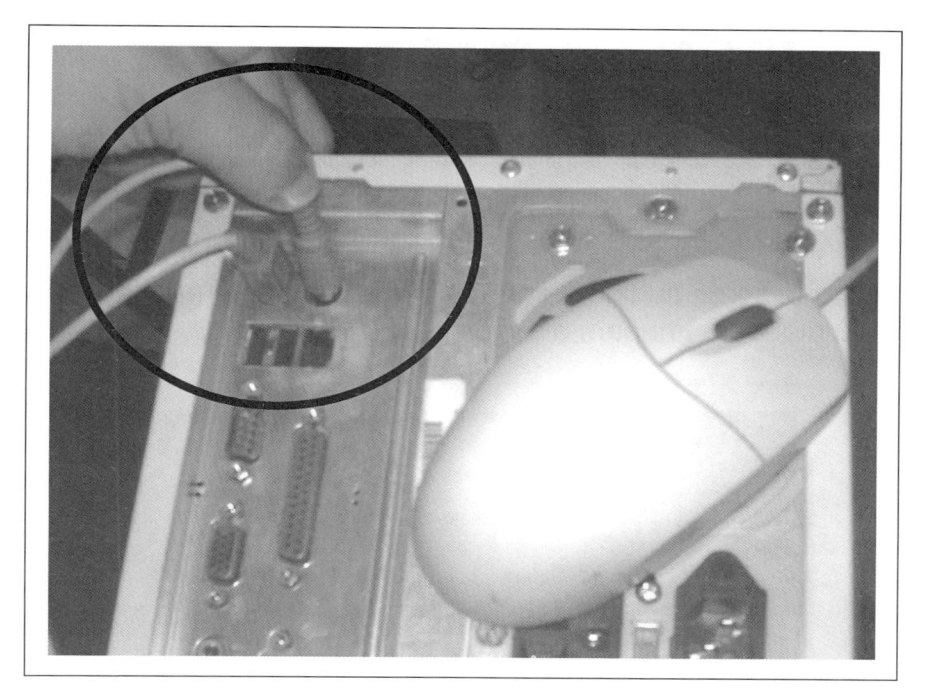

Figura 1.33

Sexto Passo

Caixa de Som

Conecte o cabo de força da caixa no estabilizador ou nobreak, como mostra a imagem a seguir.

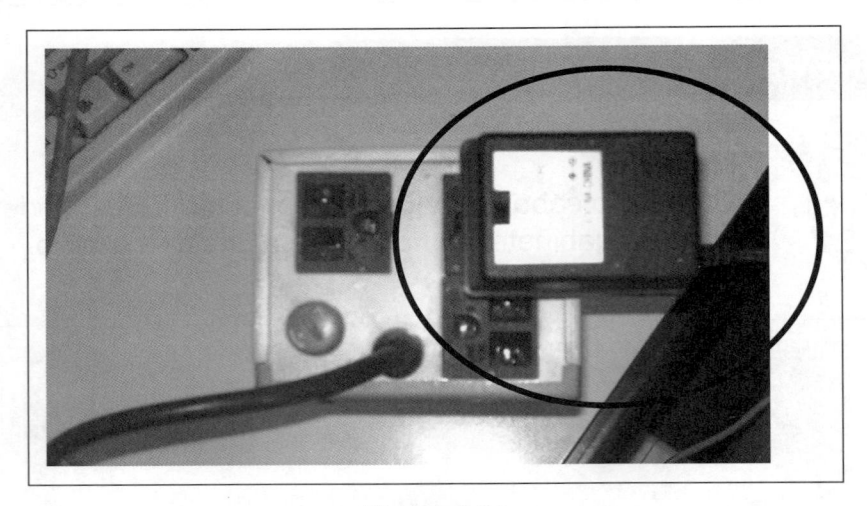

Figura 1.34

Conecte o cabo de áudio na entrada correspondente atrás do gabinete, como mostra a imagem a seguir.

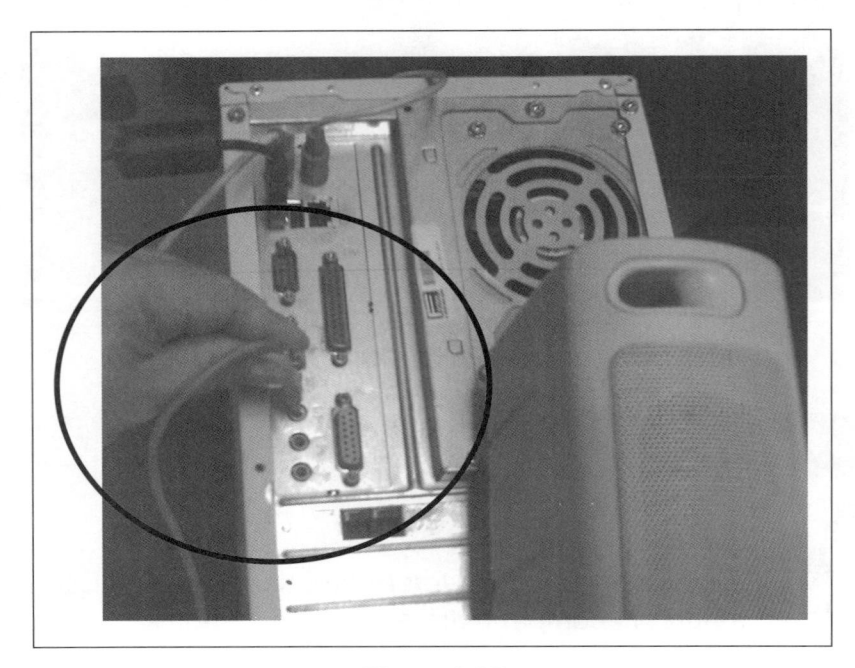

Figura 1.35

DICA:  Caso não saiba qual é a entrada certa para conectar o cabo de áudio da caixa de som, coloque um CD de música no seu driver e tente as entradas até sair algum som. Mas não se preocupe, pois o cabo de áudio da caixa de som geralmente já traz a mesma cor da sua respectiva entrada atrás do gabinete.

Sétimo Passo

Cabo de Rede
O cabo de rede conecta a sua máquina a uma rede de computadores caso tenha uma, possibilitando a utilização da banda larga, se possuir este serviço.
Para utilizar estes recursos conecte o cabo na placa de rede como mostra a próxima imagem.

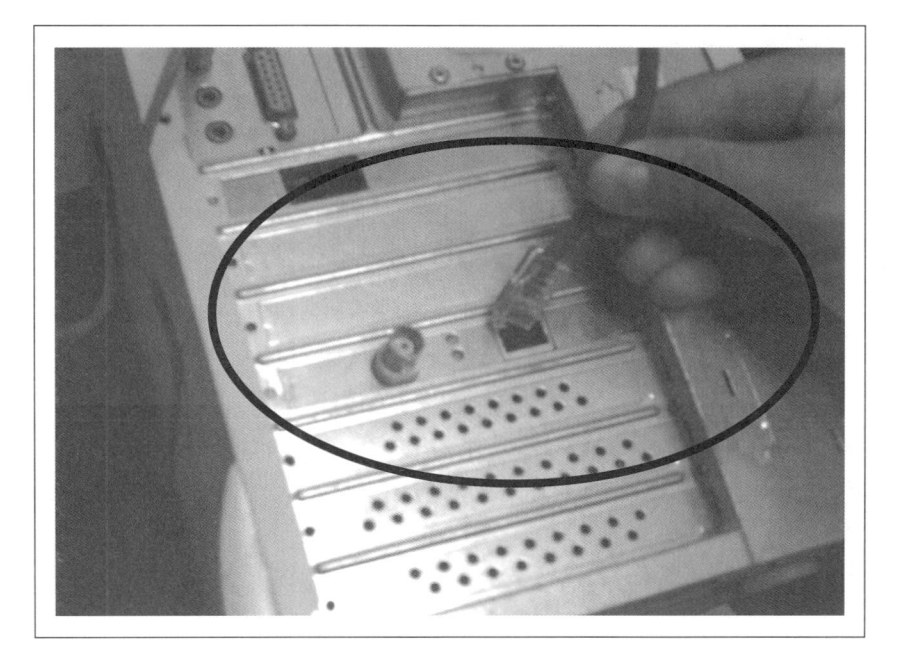

Figura 1.36

Oitavo Passo

Cabo USB

Hoje em dia esse tipo de conexão é importantíssimo, pois conecta ao computador equipamentos como: impressora, câmeras digitais, webcam, pen drive e muitos outros equipamentos que utilizam esta tecnologia.

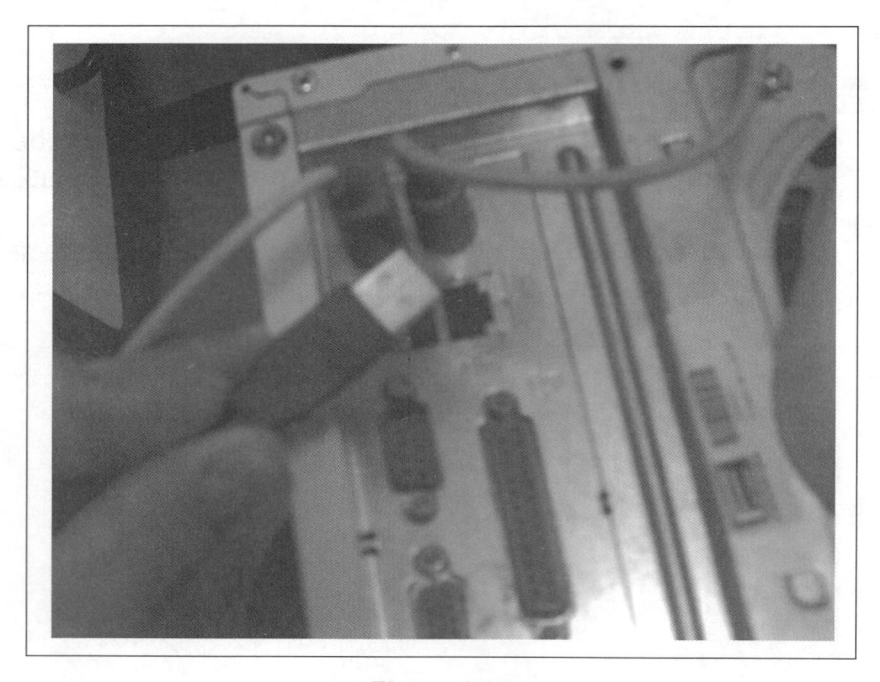

Figura 1.37

Dica: Muitos gabinetes possuem entradas USB frontais que facilitam a conexão de equipamentos, como mostra a próxima imagem.

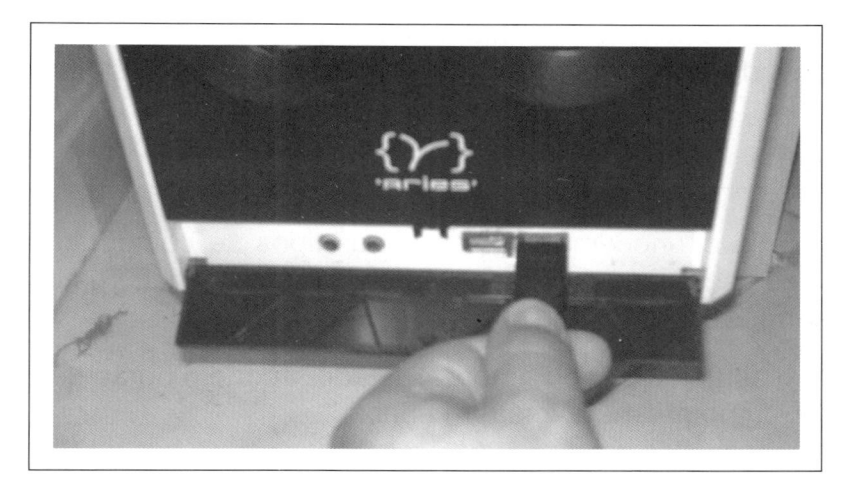

Figura 1.38

Informações Gerais

⊃ Em todos os procedimentos de conexão ou desconexão de componentes o computador deve estar desligado e com o cabo de força fora da tomada, evitando assim danos aos componentes e possíveis choques elétricos que podem acontecer.

⊃ Provavelmente o seu computador já deve estar ligado, não precisando conectar mais nada, assim as informações aprendidas serão utilizadas em outras situações, como a mudança do computador de lugar, ou a compra de um novo computador. Através dos conhecimentos aprendidos anteriormente você terá total condição para executar tal ação.

⊃ Os componentes citados, bem como suas localizações, podem variar de computador para computador.

⊃ Os computadores atuais já possuem cores tanto no cabo como em sua entrada atrás do gabinete, facilitando assim a sua localização e conexão. Como exemplo, um cabo de dados do monitor vem com o seu conector de cor azul e a entrada da placa de vídeo onde será conectado também é azul.

➲ As conexões possuem formatos definidos e diferentes, o que ajuda na hora de descobrir onde serão encaixadas.

Ligando

Agora que já conhecemos um pouco os tipos de computadores, os nomes das peças e como ligar os cabos do computador, iremos ligá-lo para usarmos.

Estando o estabilizador ou no-break ligado, aperte o botão de ligar no gabinete, como mostra a imagem abaixo.

Figura 1.39

Pronto!!! É só isso, o computador está ligado e já pode ser utilizado.

Microsoft Windows

Primeiro Contato com Windows Vista

Windows é o sistema operacional que fornece os recursos necessários para que o computador ligue e gerencie seus programas instalados, sendo o Windows o sistema operacional mais utilizado no mundo, por sua facilidade e recursos fornecidos.

Em outras palavras, podemos dizer, para um melhor entendimento, que o Windows dá vida ao computador, pois sem ele o computador seria apenas um monte de peças sem utilidade.

O Windows Vista traz consigo um novo conceito em sistema operacional, utilizando um visual com transparência, luzes e vários outros recursos visuais que o deixam atraente e profissional.

Aprenderemos com o Windows Vista vários recursos e tarefas utilizadas no dia-a-dia do usuário, como: trabalhar com arquivos e pastas, modificar os recursos visuais, programas e aplicativos e vários outros recursos.

Versões do Windows Vista

O Windows Vista possui várias versões para serem escolhidas de acordo com a necessidade do usuário, onde cada uma tem diferentes aplicativos e recursos.

Importante

A Microsoft possui um atendimento especializado para ajudar na escolha da versão que melhor atende às empresas e usuários.

Windows Vista Business

Esta versão possui inúmeros recursos e aplicativos que atendem desde pequenas empresas até grandes instituições.

Windows Vista Enterprise

Com esta versão, grandes corporações terão recursos avançados de TI e de segurança.

Windows Vista Home Premium

Nesta versão o Vista traz recursos para o dia-a-dia de casa, mas com grandes abrangências que vão além do básico, possuindo recursos tais como: navegação da Internet, acesso a correio eletrônico, entretenimento e outros.

Windows Vista Ultimate

Esta é a versão mais completa do Windows Vista, combinando todas as vantagens de um sistema operacional.

Windows Vista Home Basic

O Windows Vista Home Basic é para computadores domésticos com utilidades básicas.

Área de Trabalho

Assim que ligamos o nosso computador e ele é carregado completamente, será mostrada, por padrão, a primeira tela do Windows chamada de Área de Trabalho. A partir dessa tela podemos abrir programas, aplicativos, acessar a Internet, jogar um game ou utilizar outros recursos e muitas outras funções que o Windows Vista oferece.

Figura 2.1

Itens da Área de Trabalho

Plano de Fundo

Foto ou desenho que cobre o fundo da **Área de Trabalho** gerando um sentimento de satisfação, trazendo beleza ao seu computador. Essa foto pode ser a padrão do Windows ou uma foto sua ou de sua família.

Figura 2.2

Barra de Tarefas

Barra situada por padrão na parte inferior da tela, onde podem ser acessados programas e aplicativos através do botão **Iniciar**, observar a hora na sua direita e muitas outras funções que serão abordadas no decorrer do estudo.

Figura 2.3

Ícones

Sua área de trabalho deve conter vários "botões", que são chamados de **Ícones** e possuem a utilidade de abrir programas ou aplicativos de uma maneira fácil e prática.

Figura 2.4

Gadgets

São recursos que ajudam o nosso dia-a-dia, fornecendo várias informações como: calendários, bolsa de valores, previsão do tempo, notícias e muitos outros recursos que são mostrados diretamente na área de trabalho.

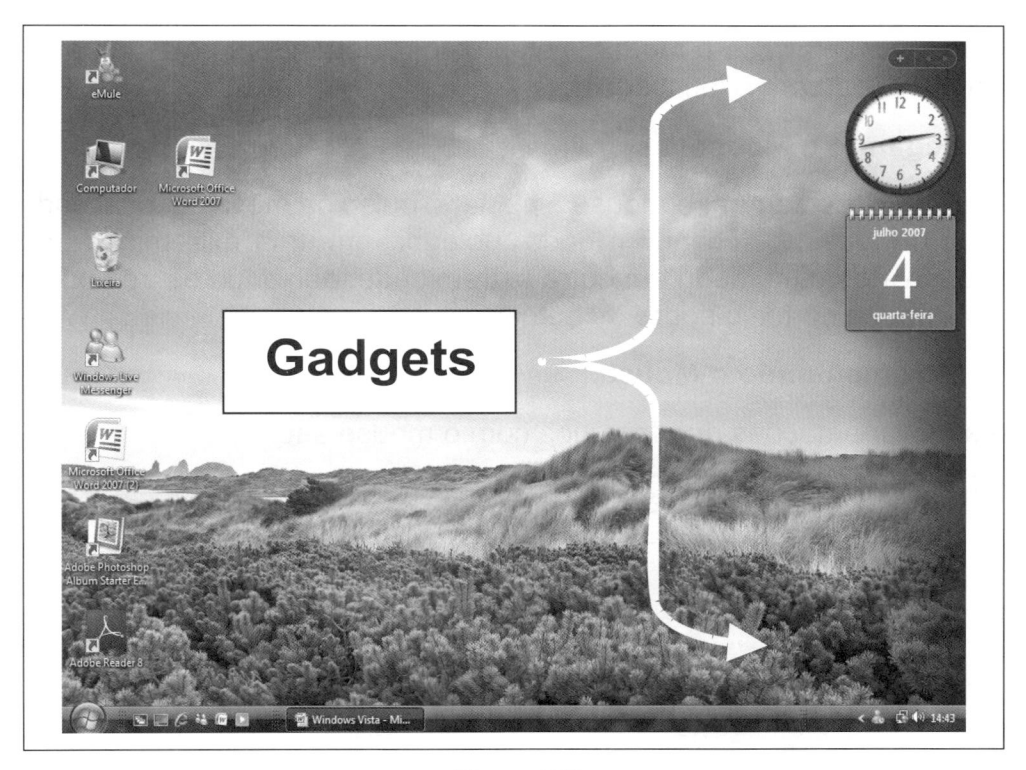

Figura 2.5

Utilizando o Mouse

Sabemos que o mouse é a maior dificuldade no início da utilização do computador, mas com o tempo você nem lembrará que está utilizando um mouse para fazer suas tarefas, de tão habituado que estará com a utilização deste componente.

Ao movimentarmos o mouse, estamos direcionando a seta que aparece na tela para o local desejado.

➲ Pegando o Mouse

A maneira de segurar o mouse é apoiar o pulso na mesa ou local onde está o mouse, colocando o dedo "polegar" em uma extremidade do mouse e o quinto dedo em outra extremidade, deixando os três ou os dois dedos do meio sobre os botões.

➲ Movimentando o Mouse

As movimentações que fazemos com o mouse são:

Para cima	Para baixo
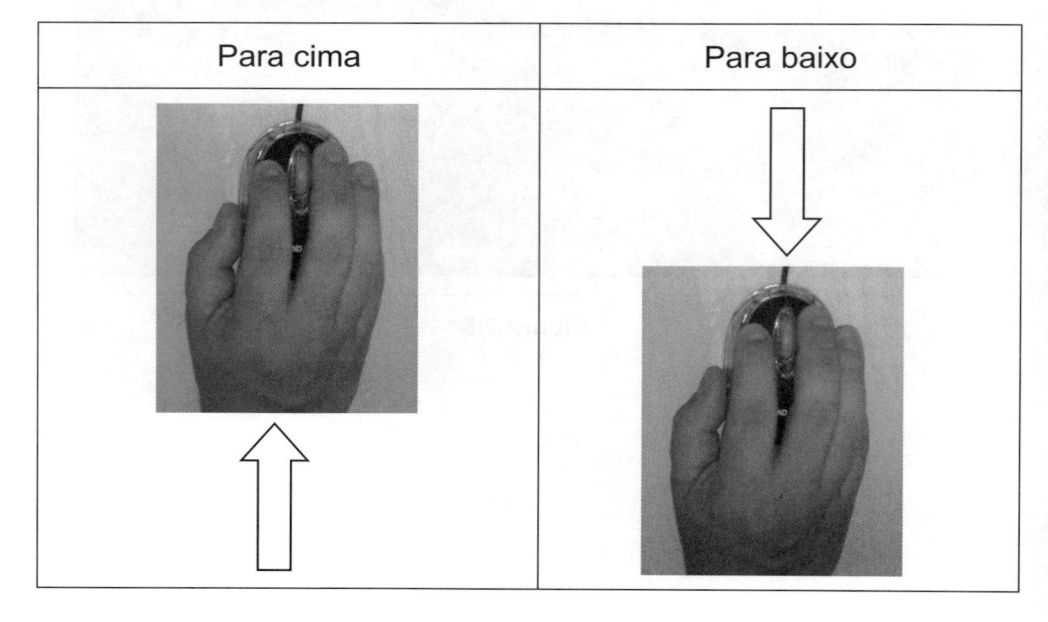	

Para a esquerda	Para a direita

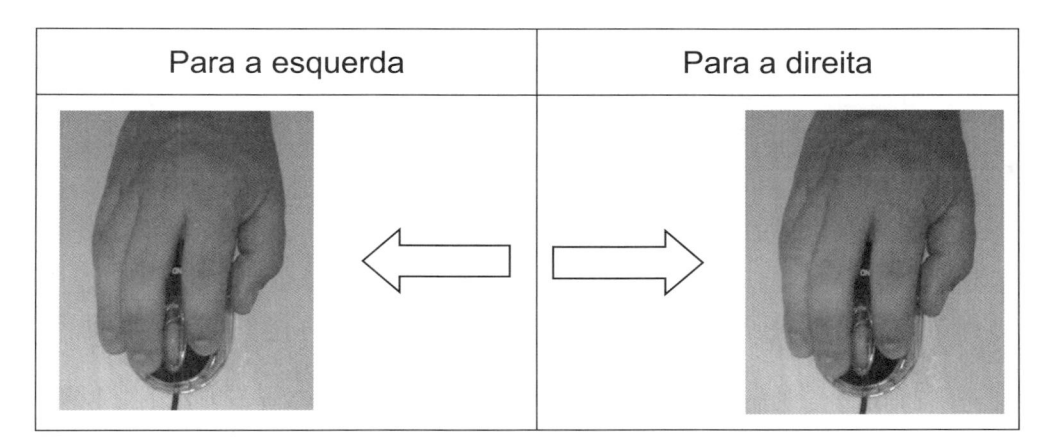

> **Dica:** A correta movimentação é com o pulso parado. O que se movimenta é a mão na direção que se deseja ir.

Importante

Não aponte o mouse para onde você deseja, mas sim direcione o mouse nos movimentos mostrados anteriormente, caso contrário poderá cansar sua mão fazendo movimentos desnecessários.

Para esquerda certo	Para esquerda errado

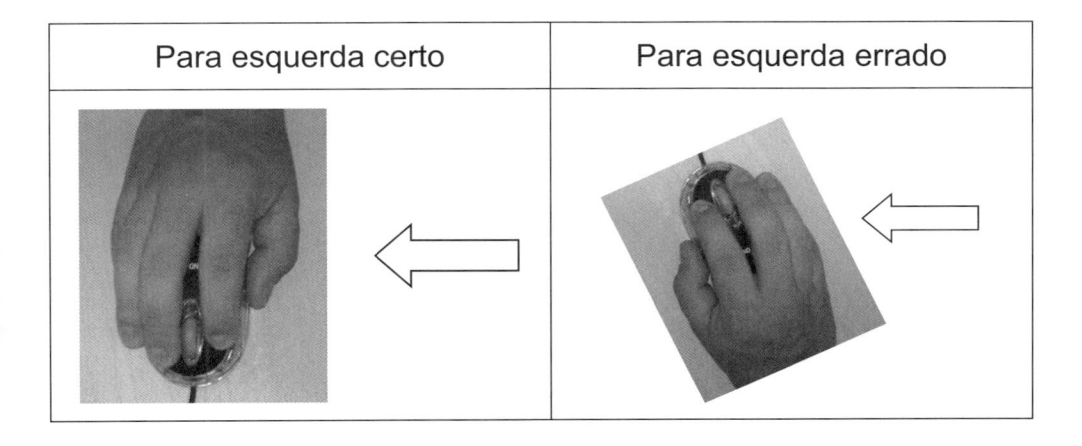

⮑ Clicar

Quando falamos clique em uma opção, estamos nos referindo a apontar a seta do mouse que está na tela e apertar uma vez, por padrão, o botão esquerdo do mouse, como mostra a imagem abaixo.

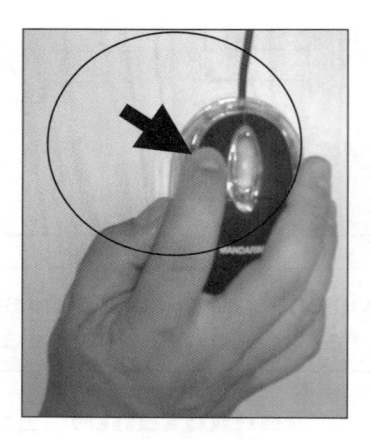

Figura 2.6

⮑ Duplo Clique

O duplo clique é praticamente a mesma coisa que o clique, mas em vez de apertar uma vez sobre o que deseja, apertamos duas vezes seguidamente e rapidinho.

Figura 2.7

➲ Clique com o Botão Direito

O botão direito do mouse facilita muitas tarefas a serem realizadas no computador. Basta apontar a seta do mouse para onde deseja e apertar uma vez, por padrão, o botão direito do mouse, como mostra a imagem abaixo.

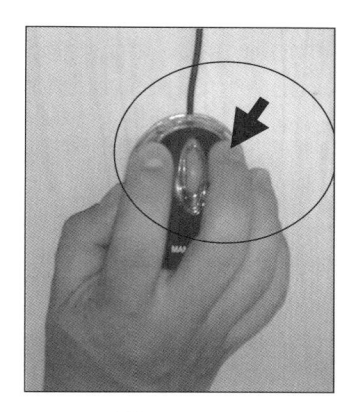

Figura 2.8

➲ Scroll

A maioria dos novos mouses possui a opção de scroll, que nada mais é do que uma rodinha no meio do mouse que, ao ser movimentada, facilita a leitura de textos, sites na Internet e outras atividades.

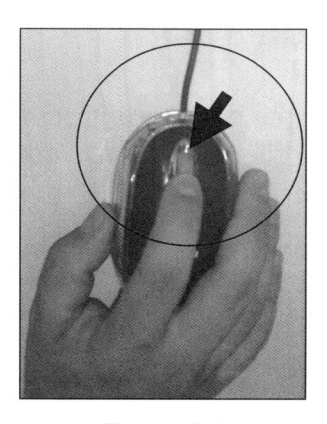

Figura 2.9

⮥ Mouses Ópticos

Os mouses ópticos possuem um foco de luz embaixo, facilitando o seu deslocamento e sendo mais produtivos do que os mouses comuns que possuem uma roda que muitas vezes suja e atrapalha bastante o deslocamento do mouse, principalmente para os iniciantes. Portanto, se puder, compre um mouse óptico, que não custa muito e trará uma facilidade enorme e uma segurança para a saúde de seus braços, pois cansará menos enquanto estiver em uso.

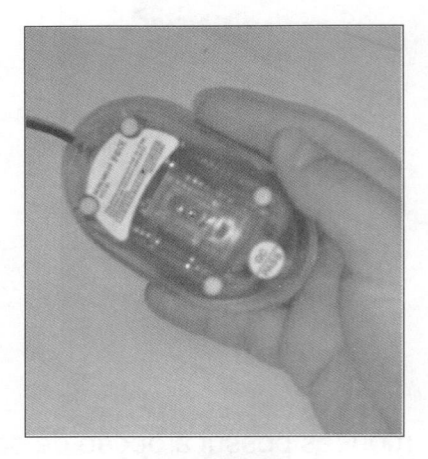

Figura 2.10

Trocando a Foto da Tela

Como vimos anteriormente, podemos trocar a foto que está na tela (área de trabalho) deixando o nosso computador com uma melhor aparência.

Siga os passos da próxima página para trocar a foto (plano de fundo):

Primeiro Passo

Posicione a seta do mouse em um local que não tenha botões no centro da tela.

Figura 2.11

Segundo Passo

Clique no botão direito do mouse.

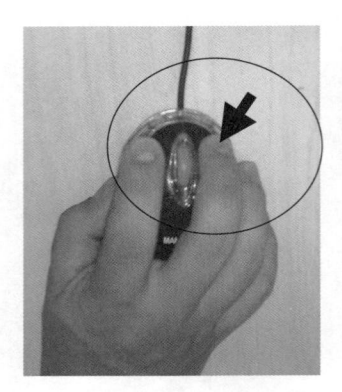

Figura 2.12

Terceiro Passo

Clique agora com o botão esquerdo do mouse sobre a opção **Personalizar**, como mostra a imagem abaixo.

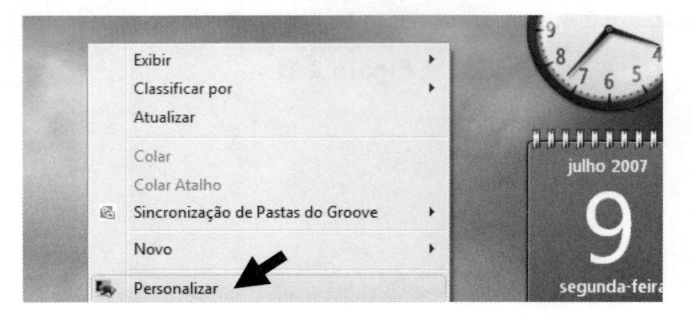

Figura 2.13

Propriedade de Vídeo

Esta tela possui diversos recursos para alteração das propriedades do vídeo, mas no nosso exemplo trocaremos a foto (plano de fundo).

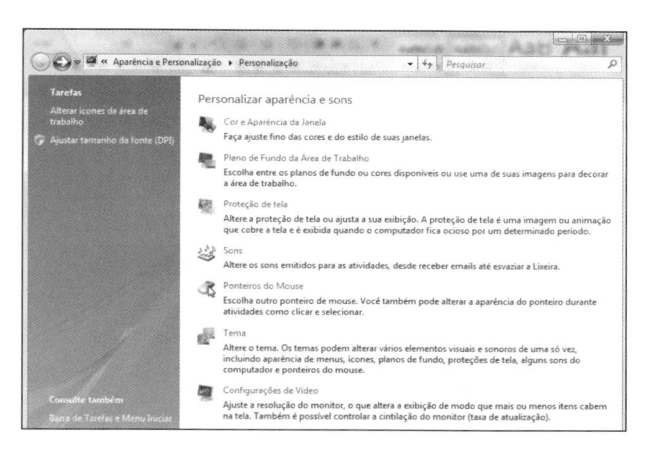

Figura 2.14

Quarto Passo

Clique do lado direito desta janela na opção **Plano de fundo da área de trabalho**.

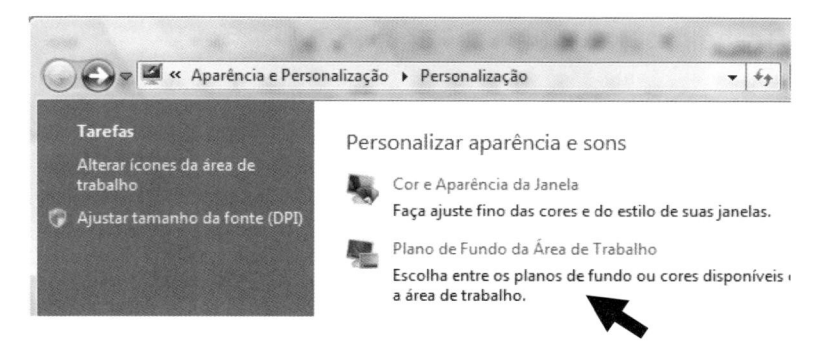

Figura 2.15

Quinto Passo

 Clique sobre a foto (plano de fundo) que deseja inserir na tela, como mostra a imagem abaixo.

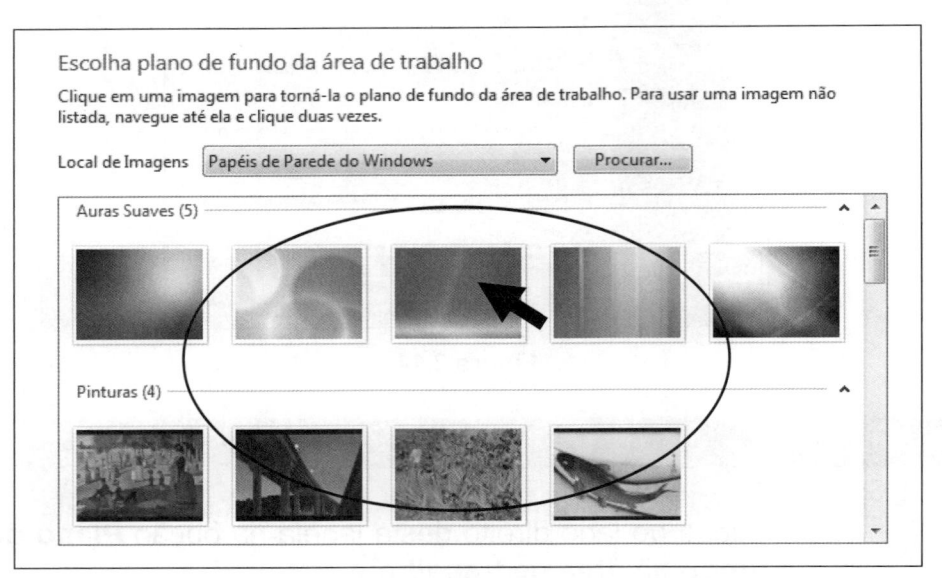

Figura 2.16

Nesta opção é escolhido como será o posicionamento da imagem na Área de Trabalho.

Como a imagem deve ser posicionada?

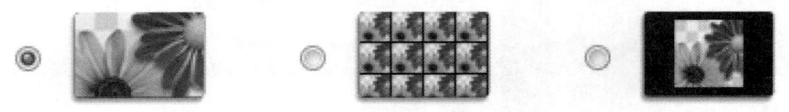

Figura 2.17

Inserindo fotos pessoais

Podemos colocar em nossa tela uma foto (plano de fundo) com aquela viagem que fez, uma foto da família, do netinho ou qualquer outra que desejar.

Primeiro Passo

Clique no botão **Procurar** para determinar em qual local do computador estão guardadas as fotos descarregadas da câmera digital.

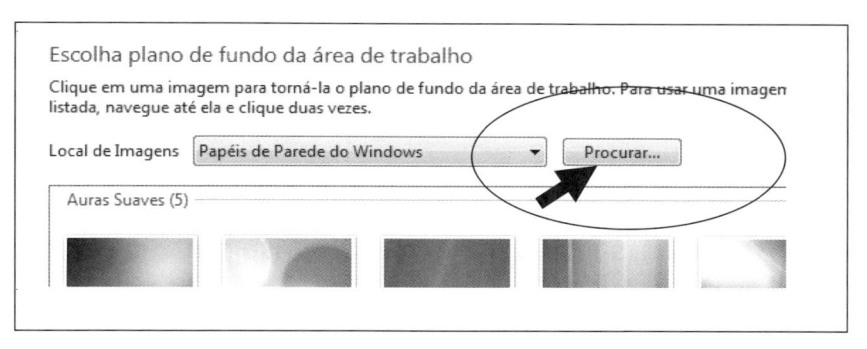

Escolha plano de fundo da área de trabalho

Clique em uma imagem para torná-la o plano de fundo da área de trabalho. Para usar uma imagem listada, navegue até ela e clique duas vezes.

Local de Imagens Papéis de Parede do Windows   ▼   Procurar...

Auras Suaves (5)

Figura 2.18

Segundo Passo

Nesta janela clicamos sobre o local onde estão localizadas as fotos descarregadas da câmera digital. No nosso exemplo escolheremos a opção **Documentos** clicando sobre ela do lado esquerdo da tela, pois é nesta pasta onde estão salvas as fotos pessoais deste exemplo.

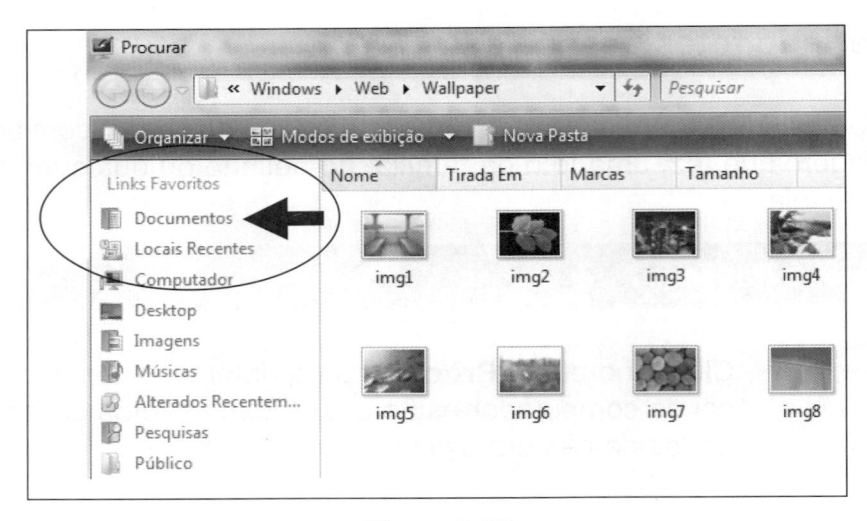

Figura 2.19

Terceiro Passo

Terceiro Passo

Clique sobre a imagem que deseja e clique no botão Abrir ▼.

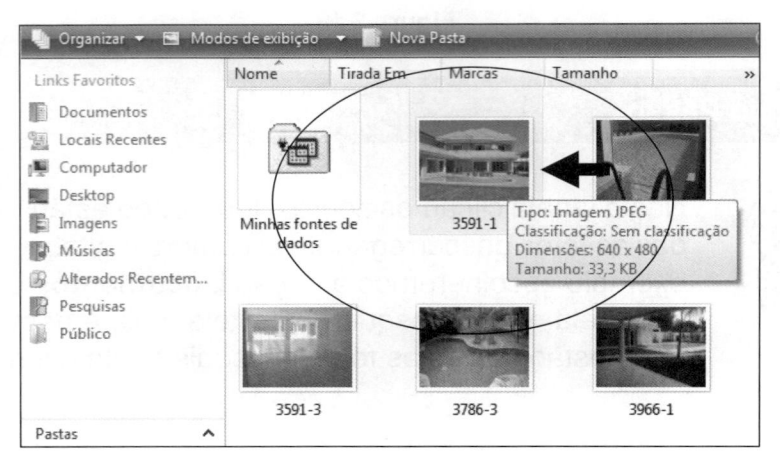

Figura 2.20

Importante

Perceba que a imagem escolhida será aplicada na área de traba-lho e a tela inicial de alteração do plano de fundo retornará. Serão visualizadas todas as fotos da pasta ou local escolhido onde pode-rá mudar a imagem, clicando sobre a que deseja.

Conhecendo mais botões

Na janela **Personalização de Vídeo**, os três botões no final da tela podem ser usados. Eles possuem as seguintes funções:

OK

Aplica as modificações realizadas e fecha a janela.

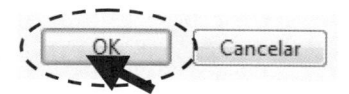

Cancelar

Cancela a modificação feita e fecha a janela.

Aplicar

Algumas janelas de personalização da área de trabalho possuem este botão que aplica as modificações feitas, deixando a janela aberta para outra possível mudança.

Proteção de Tela

Toda vez que seu computador fica sem utilização a proteção de tela será ativada. A sua principal função, como o seu próprio nome já diz, é proteger o monitor contra problemas de desgaste que acontecem quando ele fica com a imagem parada, por isso é utilizada a proteção de tela. Outra utilidade é apresentar uma beleza ao monitor enquanto o computador não estiver sendo utilizado.

Siga os passos para escolher uma proteção de tela:

Primeiro Passo

Posicione a seta do mouse em um local que não tenha botões no centro da tela.

Figura 2.21

Segundo Passo

Clique no botão direito do mouse.

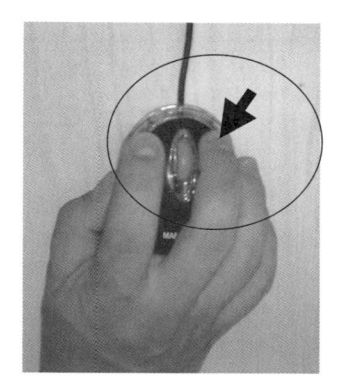

Figura 2.22

Terceiro Passo

Clique agora com o botão esquerdo do mouse sobre a opção **Personalizar**, como mostra a imagem abaixo.

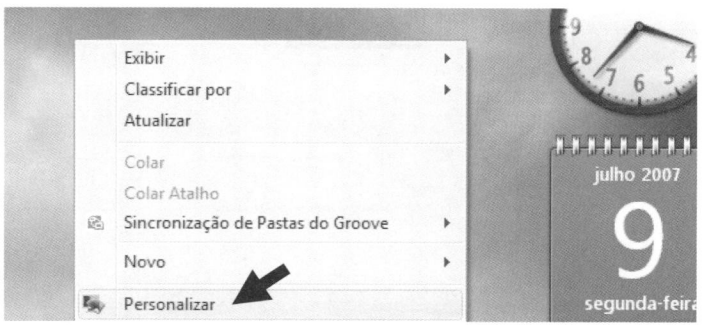

Figura 2.23

Quarto Passo

Clique do lado direito da tela na opção **Proteção de tela**.

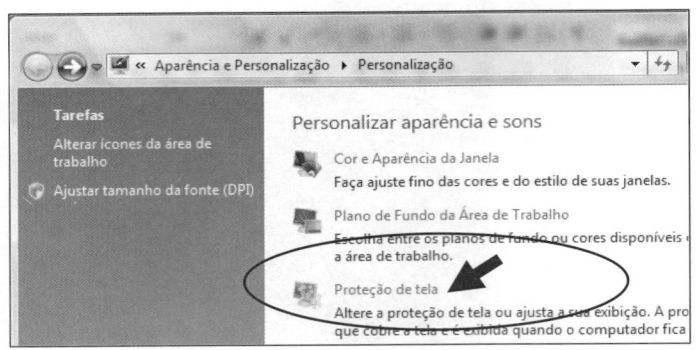

Figura 2.25

Nesta janela podemos fazer vários ajustes na proteção de tela, bem como escolher a que desejamos.

Figura 2.26

Na caixa **Proteção de Tela**, podemos escolher com um clique a proteção de tela que desejamos, lembrando que cada proteção de tela oferece visual e recursos diferentes uma da outra, como por exemplo uma mostra riscos e outra permite que se escrevam nomes.

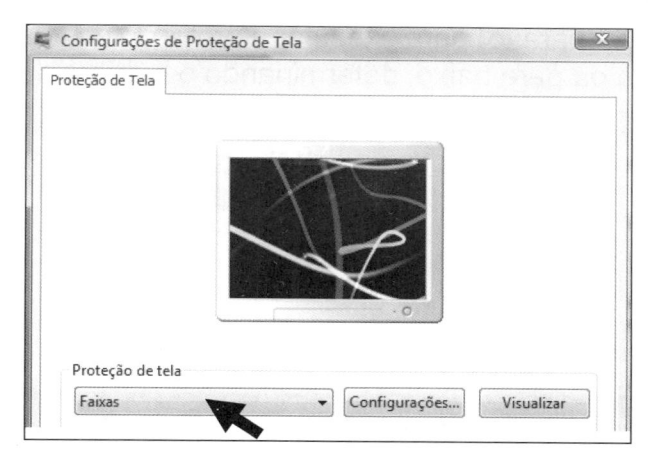

Figura 2.27

Clicando no botão **Visualizar** será visualizada a **Proteção de tela** escolhida em tela inteira.

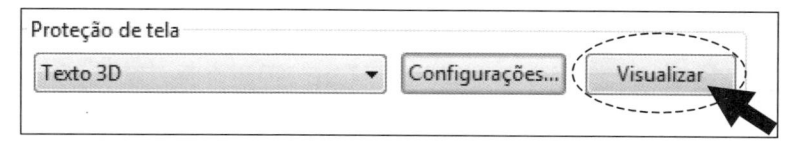

Figura 2.28

Para alterar as configurações da proteção de tela escolhida, clique no botão **Configurações**.

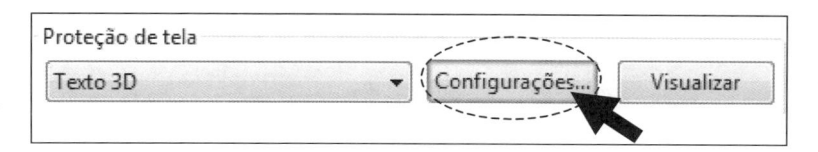

Figura 2.29

Obs.: Os tipos de alterações variam de acordo com a proteção de tela.

Na opção **Aguardar**, é determinado o tempo em que o computador terá que ficar inativo (parado) para executar a proteção de tela, clicando na seta para cima ou para baixo, determinando o número de minutos.

Figura 2.30

Exemplo de uma proteção de tela:

Figura 2.31

Abrindo Programa ou Aplicativo

Como já aprendemos, os programas oferecem recursos e funções para a execução das tarefas que desejamos, existindo programas para digitar uma carta, acessar a Internet, para jogar e várias outras funções. Através dos passos a seguir aprenderemos a abrir programas e aplicativos sendo esta tarefa repetida inúmeras vezes no dia-a-dia, pois precisamos sempre abrir aplicativos e programas para desenvolver nossas tarefas.

Siga os passos para abrir programas ou aplicativos:

Primeiro Passo

O primeiro passo para abrir um programa ou aplicativo é clicar no botão **Iniciar** que está situado na parte esquerda da **Barra de Tarefas**.

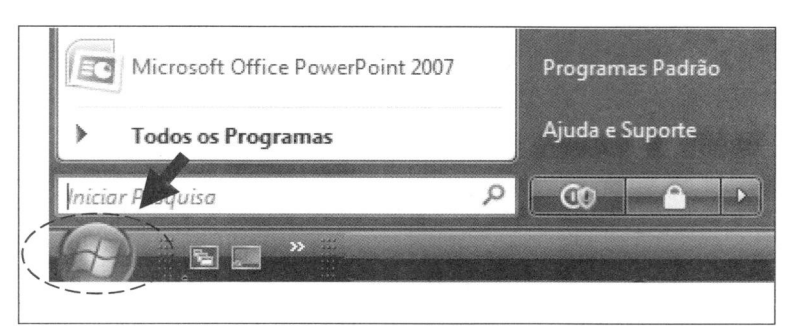

Figura 2.32

Segundo Passo

O segundo passo é clicar com o cursor (seta) do mouse na opção **Todos os Programas**.

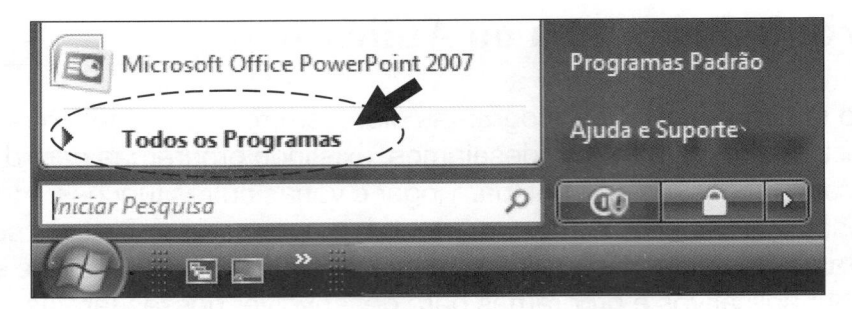

Figura 2.33

Terceiro Passo

 O terceiro e último passo é clicar sobre o programa ou aplicativo que deseja.

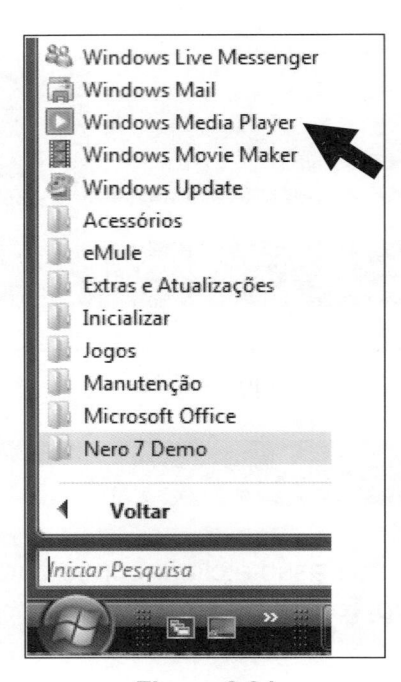

Figura 2.34

Faremos um exemplo abrindo um programa passo a passo para colocar em prática o que foi aprendido. Será escolhido como exemplo o programa **Bloco de notas**, que é um editor de texto básico.

Figura 2.35

Abrindo o Bloco de Notas

Primeiro Passo

O primeiro passo para abrir um programa ou aplicativo é clicar no botão **Iniciar** que está situado na parte esquerda da **Barra de Tarefas**.

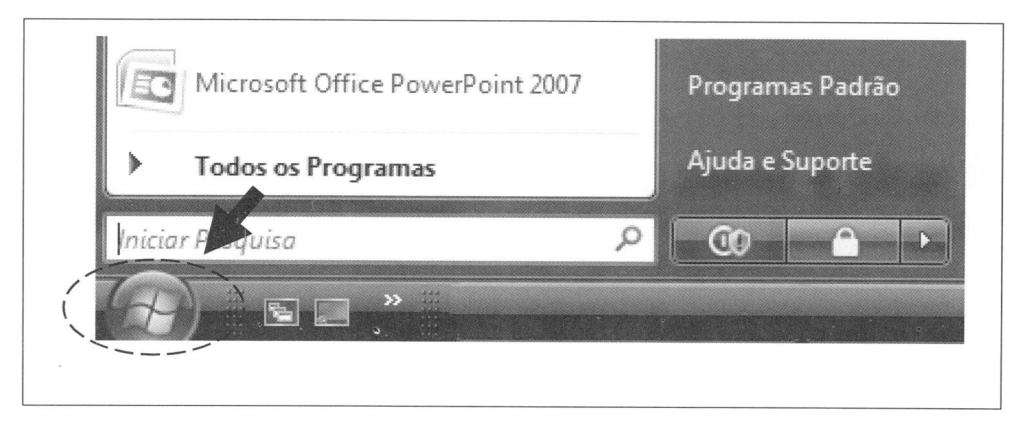

Figura 2.36

Segundo Passo

O segundo passo é clicar com o cursor (seta) do mouse na opção **Todos os Programas**.

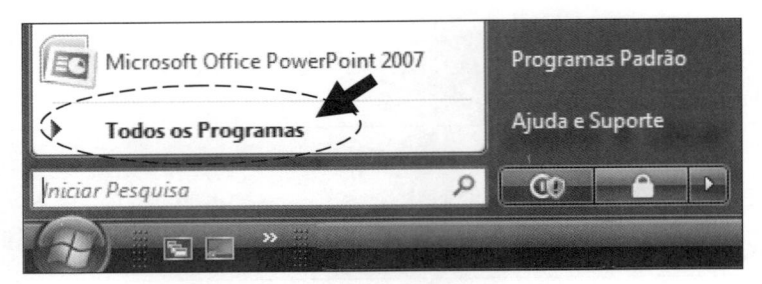

Figura 2.37

Terceiro Passo

Neste terceiro passo clique com o cursor (seta) do mouse em **Acessórios**.

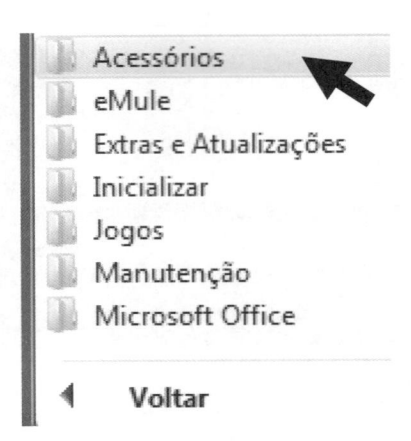

Figura 2.38

Quarto Passo

No quarto e último passo, coloque o cursor do mouse sobre **Bloco de notas** e clique com o botão esquerdo do mouse.

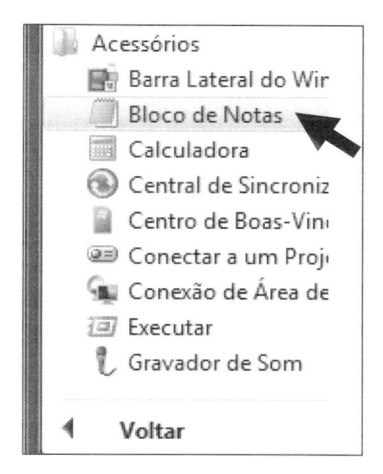

Figura 2.39

Dimensionamento de Janela

Toda vez que estiver trabalhando com programas, você poderá alterar suas dimensões atendendo assim às suas necessidades. Esses botões estão localizados na parte superior direita da janela.

Figura 2.40

⮒ **Minimizar**

Para utilizar este recurso é muito simples, bastando clicar sobre esta opção no programa que deseja.

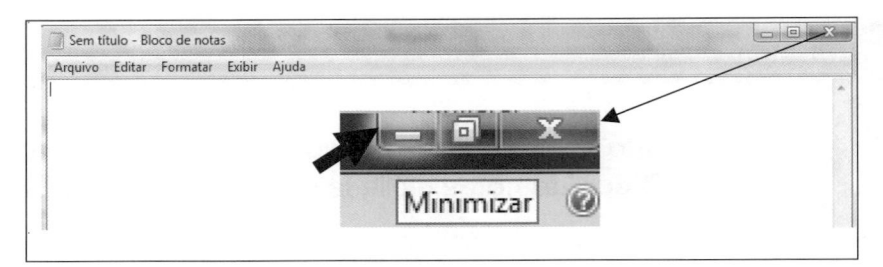

Figura 2.41

Esse botão guarda a janela na **barra de tarefas** para que se possa efetuar outra atividade no computador sem fechar este programa ou aplicativo. Para abrir novamente a janela, depois de minimizada, basta clicar sobre o botão referente ao programa que está na **barra de tarefas** como mostra a figura.

Figura 2.42

➲ Restaurar

Essa é a dimensão que está entre o minimizar e maximizar, onde a janela continua aberta, mas ocupando apenas um pedaço da tela.

Figura 2.43

➲ Maximizar

Pode acontecer, ao abrir uma janela de um programa ou aplicativo, que ela esteja reduzida na tela, podendo maximizá-la, caso deseje trabalhar com esta janela na tela toda.

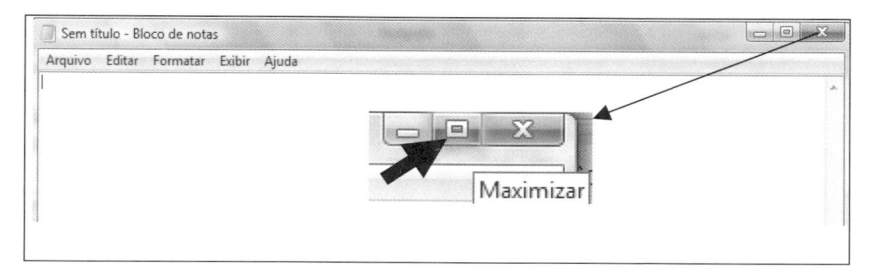

Figura 2.44

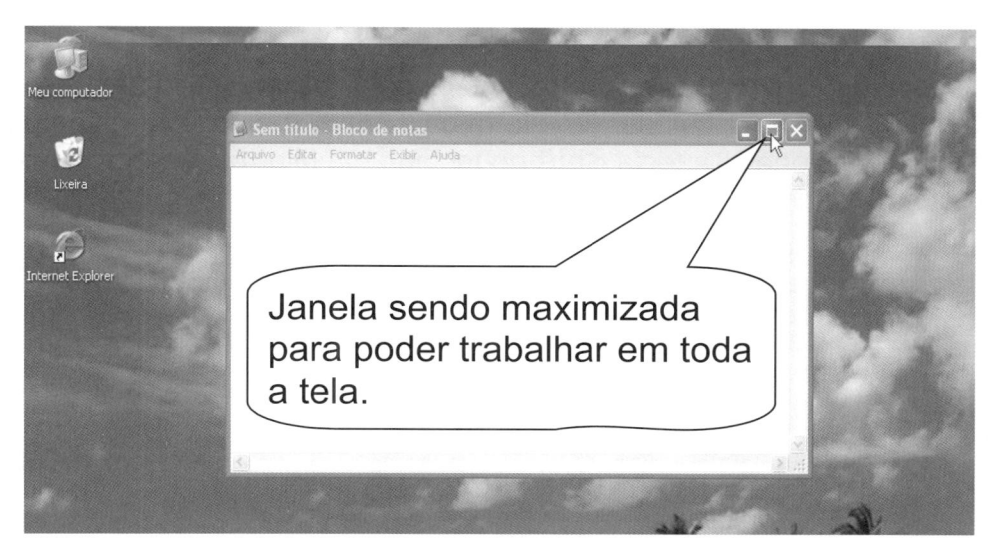

Figura 2.45

➲ Fechar

Usamos este botão para fechar janelas de programas ou aplicativos quando não desejamos mais utilizá-los.

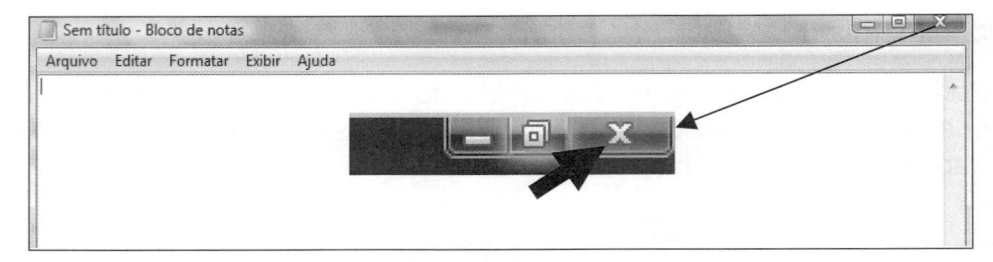

Figura 2.46

Conhecendo o Teclado

Aproveitando que estamos com um programa de edição de textos aberto, conheceremos as principais teclas do teclado.

⮕ Letras Maiúsculas e Minúsculas

Quando digitamos qualquer letra no teclado, ela automaticamente sairá minúscula. Para colocar uma letra com inicial maiúscula, devemos deixar pressionada a tecla **Shift** no teclado e digitar com a outra mão a letra desejada, como mostra a ilustração abaixo.

Figura 2.47

➲ Tudo Maiúsculo

Quando desejamos que todo o texto esteja maiúsculo, não utilizamos o Shift, pois ficaria muito cansativo e tecnicamente errado, por isso utilizamos o **Caps Lock,** que, uma vez ligado, coloca todas as letras digitadas em maiúsculo até que o **Caps Lock** seja desligado.

Figura 2.48

➲ Números

Geralmente quando estamos trabalhando com números, utilizamos a parte numérica posicionada do lado direito do teclado, facilitando assim a inserção desse tipo de dado.

➲ Acentos

Os acentos antecedem as letras a serem acentuadas, ou seja, devemos teclar o acento antes da palavra em que desejamos inserir o acento.

> **OBS.:** Os acentos que estão em cima da tecla só podem ser utilizados pressionando o **Shift** e os acentos da direita pressionando o **Alt Gr**, que é um recurso da maioria dos novos teclados.

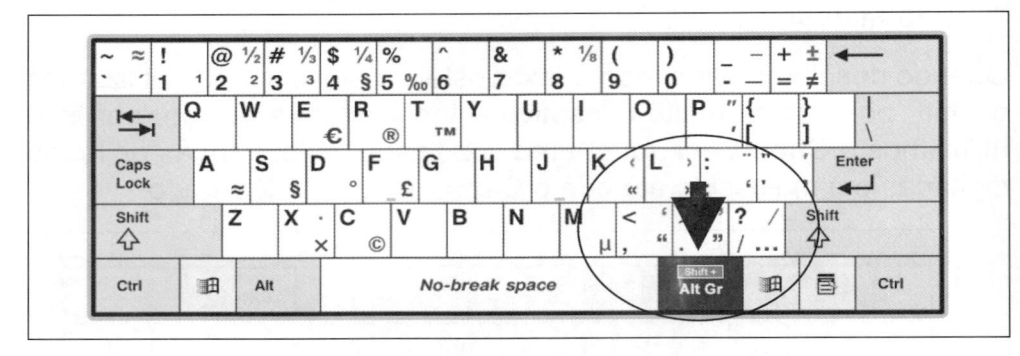

Figura 2.49

Para uma melhor compreensão, veja a listagem abaixo de utilização dos acentos.

➲ Acentos que estão embaixo

Basta pressionar o acento e a palavra que deseja acentuar. Ex.: **, ; /**...

➲ Acentos que estão em cima

Estando o Shift pressionado, tecle o acento que deseja e, soltando o Shift, tecle a letra a ser acentuada. Ex.: **% & $ @**

➲ Acentos à direita

Deixando a tecla **Alt Gr** pressionada, tecle o acento desejado e, soltando o **Alt Gr**, tecle a letra a ser acentuada. Ex.: **ª º § £ ¬**

Digite as palavras abaixo para o treino das acentuações:

Maria

➲ Deixando o Shift pressionado tecle o **M**.

➲ Digite o restante da palavra **aria**.

Pronto!!! Já temos o nome Maria escrito de maneira correta.

João

➲ Deixando o **Shift** pressionado, tecle o **J**.

➲ Digite a letra **o**.

➲ Pressione o acento **~**.

➲ Tecle a letra **a**.

➲ Digite a última letra **o**.

> **Pronto !!!** Já temos o nome João escrito de maneira correta.

1º semestre

➲ Digite o **1**.

➲ Deixando o **Alt Gr** pressionado, tecle o acento **º**.

➲ Digite o restante da palavra **semestre**.

> **Pronto!!!** Já temos o nome 1º semestre escrito de maneira correta.

Avô

➲ Deixando o **Shift** pressionado, tecle o **A**.

➲ Digite a letra **v**.

➲ Deixando o **Shift** pressionado, tecle o acento **^**.

➲ Tecle a letra a ser acentuada **o**.

> **Pronto!!!** Já temos o nome Avô escrito de maneira correta.

Importante

Aprendemos todas as maneiras de inserir acentuações, capacitando assim a digitação de textos futuros de uma maneira correta e prática.

Trabalhando com Mais de um Programa

Podemos trabalhar com mais de um programa ao mesmo tempo, facilitando assim o que está sendo feito. Por exemplo, a execução de várias ações como digitar uma **carta** e jogar um **jogo**.

Exemplo (trabalhando com o Paint e Bloco de notas)**:**

Daremos um exemplo para um melhor entendimento: abriremos o Programa Paint e o Programa Bloco de Notas.

Primeiro Passo

Abra o programa **Bloco de notas**, como mostrado anteriormente neste livro. Se já estiver aberto, pode deixar desta maneira.

Segundo Passo

Estando o **Bloco de notas** aberto, abriremos o outro programa, que será como exemplo o **Paint**.

- ➲ Clique no botão **Iniciar**.
- ➲ Clique em **Todos os Programas.**
- ➲ Clique em **Acessórios**.

➲ Clique sobre o programa **Paint**.

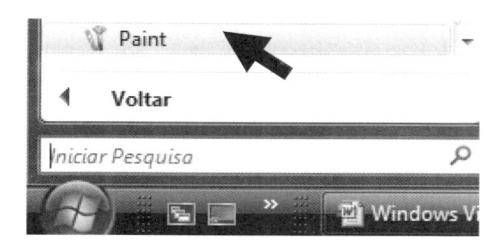

Figura 2.50

O programa que deve estar sendo visualizado na frente da tela (janela ativa) é o "Paint", que foi o último programa aberto (Próxima figura).

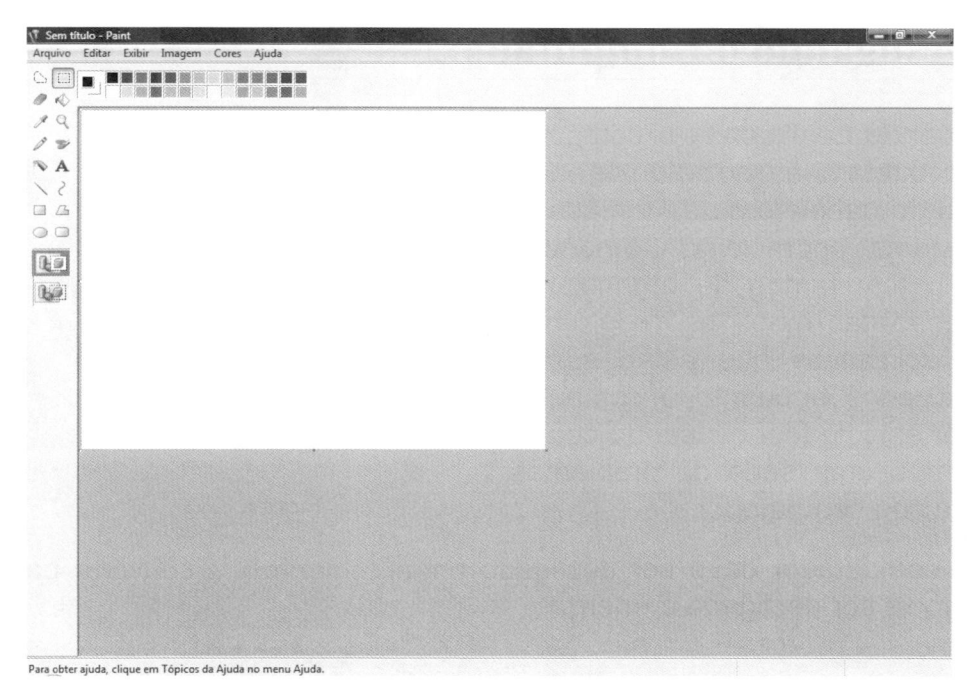

Figura 2.51

Podemos alternar entre os programas e aplicativos que estão abertos clicando no programa e aplicativo que desejamos na barra de tarefas, ficando o mesmo na frente dos demais, possibilitando assim a sua utilização.

Para exemplificar, ativaremos o **Bloco de Notas** que está atrás (janela inativa) do Paint. Para que o programa **Bloco de Notas** fique na frente, basta clicar sobre o botão referente ao **Bloco de Notas** que está na **Barra de Tarefas** e ele passará para frente (janela ativa), podendo assim trabalhar com este programa e utilizar seus recursos.

Figura 2.52

Desligando o Computador

Quando desligamos o computador diretamente no botão de energia do gabinete ou da tomada, o sistema operacional (Windows) não tem tempo de organizar e desabilitar todos os programas e aplicativos que estão sendo utilizados enquanto o computador está ligado, causando com o tempo uma série de problemas em seu computador.

Figura 2.53

O computador deve ser desligado primeiramente via software para depois ser desligada a energia.

> **Obs.:** Os novos gabinetes geralmente desligam automaticamente a energia após ser dado o comando "desligar" via software.

Para desligar o computador siga os passos:

Primeiro Passo

 O primeiro passo para desligar corretamente o computador é clicar sobre o botão **Iniciar** situado na barra de tarefas.

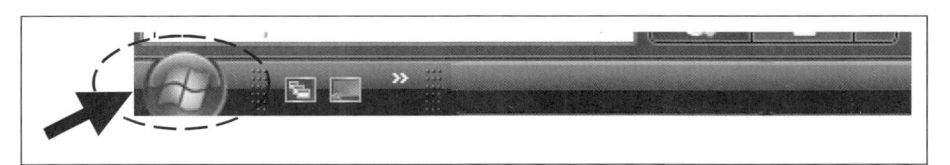

Figura 2.54

Segundo Passo

 Clique no botão em forma de seta, como mostra a figura abaixo e clique na opção Desligar.

Figura 2.55

Importante

Os novos teclados possuem uma tecla de desligar o computador, fazendo essa operação automaticamente.

Trabalhando com o Computador

Na janela **Computador**, podem ser feitas várias ações e a visualização do conteúdo de disquete, CD-ROM, HD, câmeras digitais e outras unidades de disco que estejam no computador.

Primeira Maneira

Para trabalhar com a janela **Computador**, clique duplamente sobre o ícone **Computador** que está na área de trabalho.

Figura 2.56

Obs.: Clicar **duplamente** ou dar um **duplo clique** significa clicar com o botão esquerdo do mouse duas vezes seguidamente.

Segunda Maneira

A segunda maneira de acessar a janela do recurso **Computador** é clicar no botão iniciar e clicar na opção **Computador**, como mostra a ilustração a seguir.

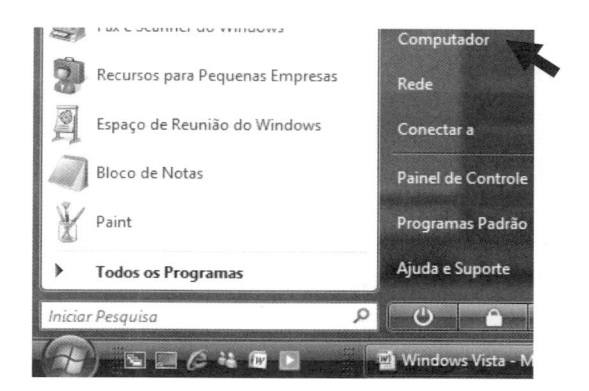

Figura 2.57

Com a janela do **Computador** aberta, pode-se escolher qual item que desejamos visualizar, podendo ser: um disco local, unidade de disquetes, unidades de CD ou DVD e qualquer outro recurso que o computador possui.

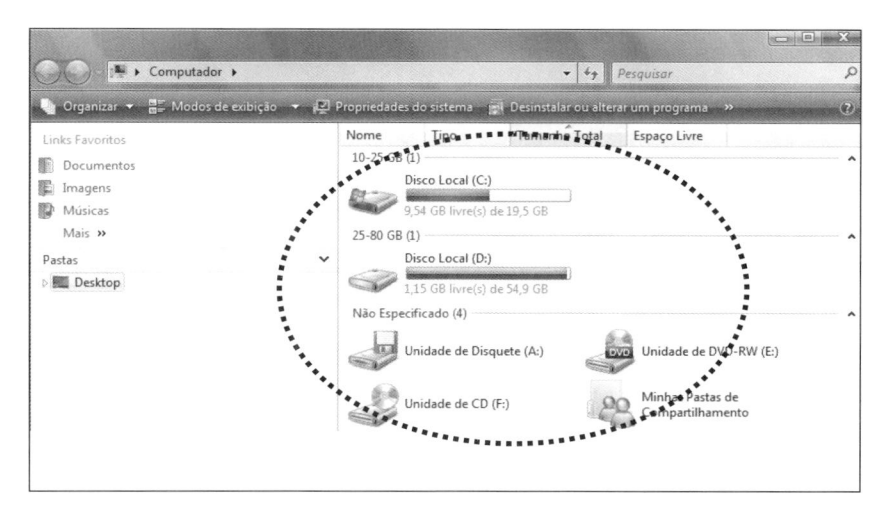

Figura 2.58

Visualizaremos, como exemplo, o conteúdo da unidade de disco "**C:**" que representa o seu HD (local onde são armazenadas suas informações dentro do computador), ou seja, toda vez que é salva uma carta do Word, por exemplo, dentro do computador, este arquivo fica armazenado dentro desta peça chamada HD (hard disk) representada na janela do **Computador** como unidade **C.**

Primeiro Passo

Abra a janela **Computador** escolhendo uma das duas maneiras mostradas anteriormente.

Segundo Passo

Clique duplamente sobre a unidade "**Disco Local (C:)**".

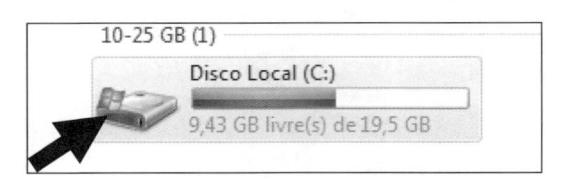

Figura 2.59

Pronto! Já estamos visualizando o conteúdo da unidade C:, que pode possuir uma pasta com suas fotos, músicas ou outros dados armazenados neste local.

Copiando um Arquivo ou Pasta para o Disquete ou Pen drive

Muitas vezes no nosso dia-a-dia há necessidade de salvar um arquivo ou pasta contendo dados que desejamos como fotos, música e outros, no disquete ou pen drive para ser utilizado em outro local como no trabalho ou a casa do filho, por exemplo.

Esta ação pode ser feita facilmente seguindo os passos a seguir:

Primeiro Passo

Coloque um disquete na unidade de disquete ou um pen drive na porta USB.

Inserindo disquete	Inserindo pen drive
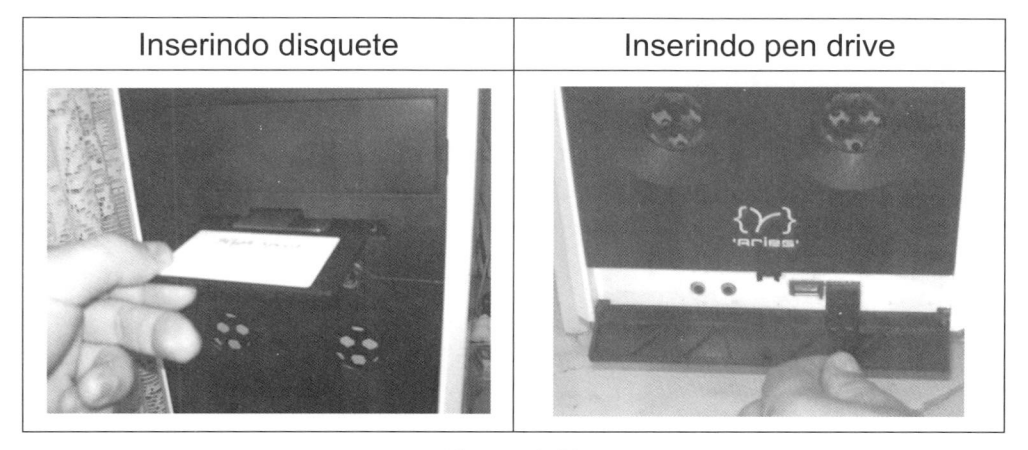	

Figura 2.60

Segundo Passo

 No **Computador** ou na **Área de Trabalho**, clique com o botão **direito** do mouse sobre o arquivo ou pasta que deseja copiar, como mostra a imagem a seguir.

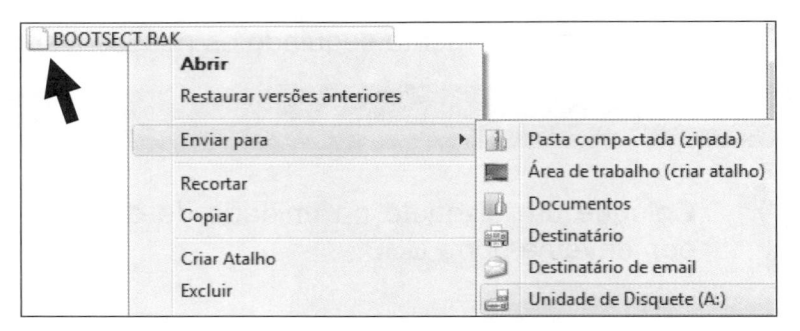

Figura 2.61

Terceiro Passo

 Aponte o cursor (seta) do mouse para **Enviar para** e clique na opção **Unidade de Disquete (A:)**.

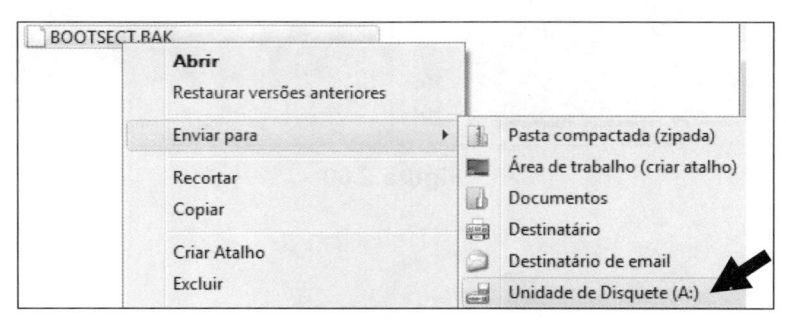

Figura 2.62

Se for copiar para um pen drive, clique sobre o nome do Pen drive ou o nome disco removível que aparecerá na lista, como mostra a imagem a seguir.

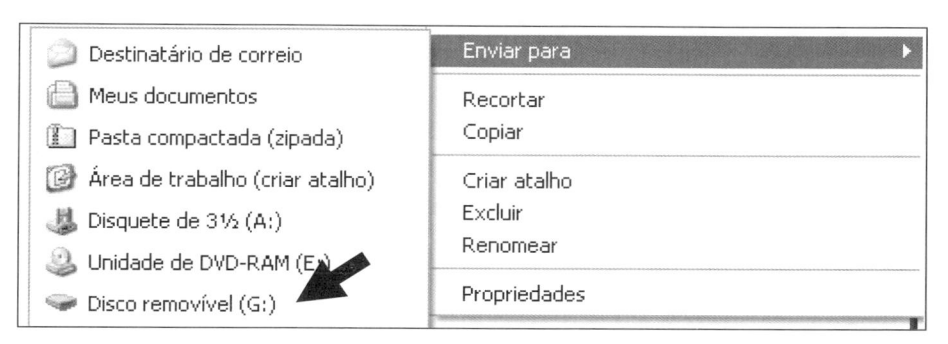

Figura 2.63

Importante

Podemos verificar se a cópia foi feita para o disquete ou pen driver acessando "Computador" e clicando duplamente sobre a unidade "A:" ou o "Disco Removível", onde visualizaremos completamente o conteúdo dentro do disquete.

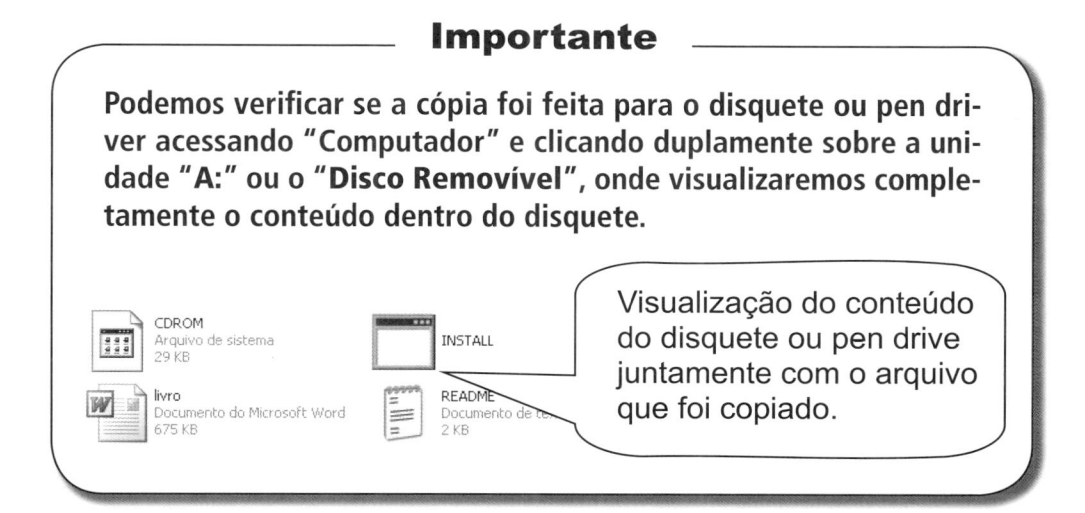

Visualização do conteúdo do disquete ou pen drive juntamente com o arquivo que foi copiado.

Modificar o Nome de um Arquivo ou Pasta

Podemos trocar o nome de arquivos ou pastas já salvas no computador, facilitando assim a identificação de acordo com o que se deseja.

Esta função pode ser feita de um modo simples e rápido, siga os passos para aprender quais são as maneiras:

Primeira Maneira

Primeiro Passo

 Tendo encontrado o arquivo ou pasta que deseja, clique com o botão direito do mouse sobre o arquivo ou pasta, para abrir um menu rápido.

Segundo Passo

 Clique com o botão esquerdo do mouse sobre a opção **Renomear** como mostra a figura abaixo.

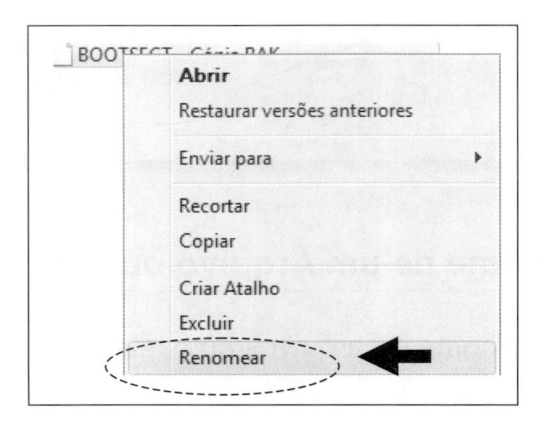

Figura 2.64

Terceiro Passo

Digite o novo nome e, em seguida, tecle **Enter**.

Confirmação

Poderá aparecer uma tela de confirmação de mudança de nome, bastando confirmar se assim deseja alterar o nome do arquivo ou pasta.

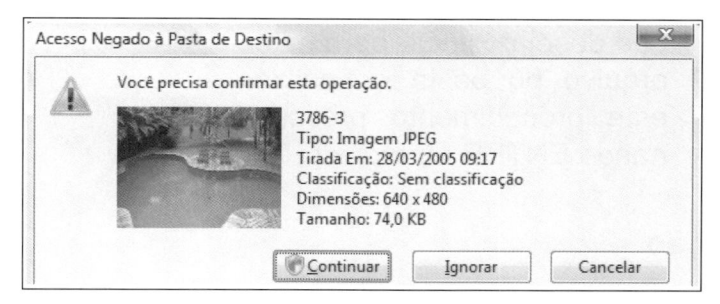

Figura 2.65

Segunda Maneira

Primeiro Passo

Selecione o arquivo ou pasta que deseja modificar o nome através de um clique sobre ele.

Segundo Passo

Depois de selecionado (clicado), clique mais uma vez sobre o **Nome do Arquivo** ou pasta.

Terceiro Passo

Com o nome do arquivo selecionado, digite o novo nome que deseja colocar para este arquivo ou pasta e finalize este procedimento pressionando ENTER no teclado.

Confirmação

Poderá aparecer uma tela de confirmação de mudança de nome, bastando confirmar se deseja alterar o nome do arquivo ou pasta.

Figura 2.66

Terceira Maneira

Primeiro Passo

Selecione o arquivo ou pasta que deseja modificar o nome através de um clique.

3971-3

Segundo Passo

Tecle F2 no teclado.

Figura 2.67

Terceiro Passo

Com o nome do arquivo selecionado, digite o nome que deseja e finalize pressionando ENTER no teclado.

Confirmação

Poderá aparecer uma tela de confirmação de mudança de nome, bastando confirmar se deseja alterar o nome do arquivo ou pasta.

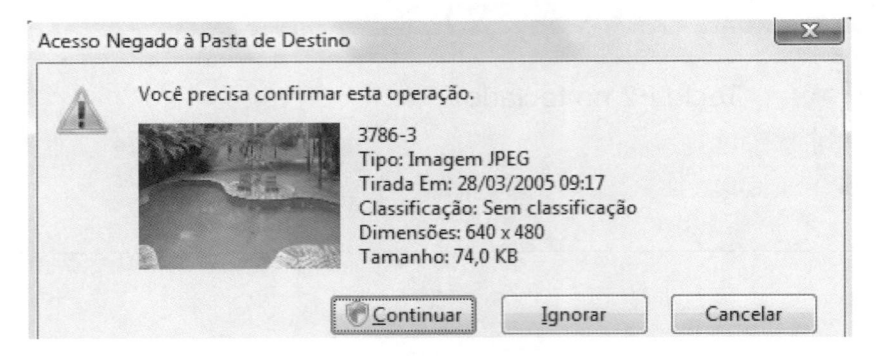

Figura 2.68

Excluindo um Arquivo ou Pasta

Ao trabalhar com o computador nos deparamos com dados antigos como aquela tabela de uma empresa na qual não trabalha há 10 anos, ou aquela foto que tirou somente para lembrar a cor da parede. Essas coisas podem gerar em nós o desejo de excluir esse monte de itens que nunca mais iremos utilizar.

Para fazer esta ação, siga os passos:

Primeiro Passo

 Localize o arquivo ou pasta que deseja excluir, através da **Área de Trabalho** ou **Computador**.

Segundo Passo

 Clique sobre o arquivo ou pasta que deseja excluir.

3971-3

Terceiro Passo

 Aperte a tecla **Delete** no teclado e confirme se deseja excluí-lo ou não.

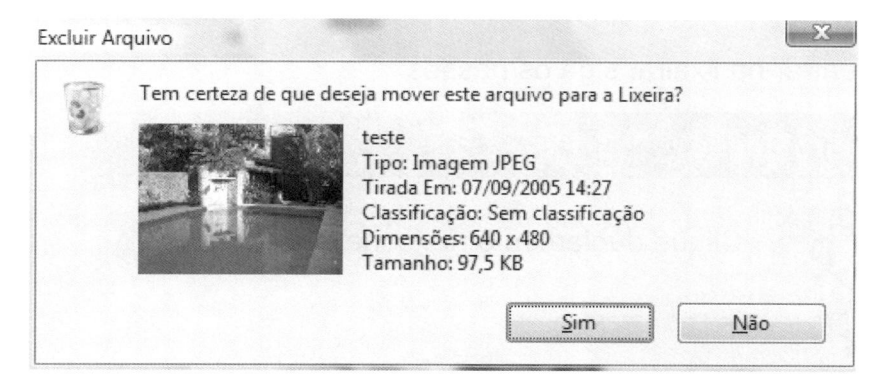

Figura 2.69

Importante

Quando aplicamos o comando excluir em um arquivo ou pasta que está dentro do computador, o Windows por padrão envia o mesmo para dentro da lixeira para, caso haja necessidade de sua utilização no futuro possamos recuperá-lo, ou seja, caso esteja com dúvida ou preocupado com o arquivo, e se arrependa no futuro da exclusão deste arquivo, poderá retorná-lo para o mesmo local onde ele estava, pois ele estará guardado na lixeira.

Lixeira

Quando um arquivo é excluído a partir do disquete ou outra unidade de disco removível, ele é apagado de dentro deste disco, mas quando o arquivo ou pasta está dentro do HD ele é automaticamente mandado para a lixeira, caso deseja recuperá-lo no futuro.

A lixeira possui, por padrão, a capacidade de 10% do tamanho máximo do **HD** (disco rígido) que está no computador. Caso os arquivos excluídos ultrapassem este tamanho, os mais antigos serão automaticamente excluídos da lixeira.

Exemplo: Se o HD tem 80 GB (Gigabytes) o computador, por padrão, separa para a lixeira aproximadamente 8 GB (Gigabytes).

Para entrar na lixeira, siga os passos:

Primeiro Passo

 Clique duplamente no ícone lixeira.

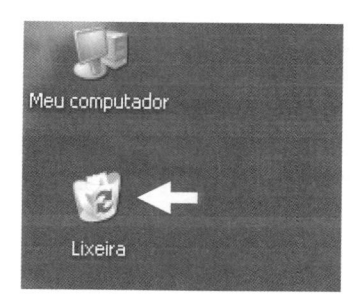

Figura 2.71

Tarefas Executadas na Lixeira

➲ Restaurar

Através desta função, podem ser recuperados arquivos ou pastas excluídos do computador, retirando-os de dentro da lixeira, retornando-os para o local de origem de onde foram excluídos.

Para restaurar um arquivo de dentro da lixeira, siga os passos:

Primeiro Passo

Clique sobre o arquivo que deseja restaurar de dentro da lixeira.

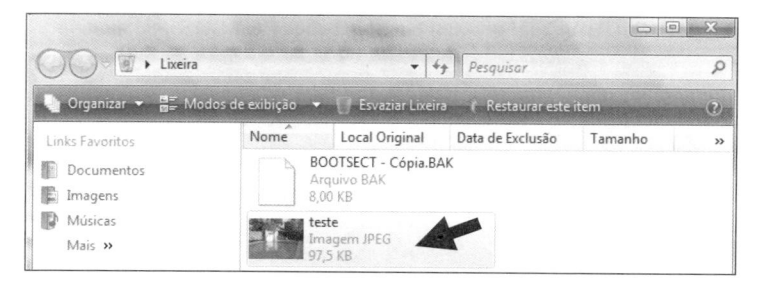

Figura 2.72

Segundo Passo

Para finalizar, ainda dentro da Lixeira, clique na opção **Restaurar este Item**.

Figura 2.73

Importante

Para selecionar mais de um arquivo ao mesmo tempo, clique sobre os arquivos que deseja restaurar, deixando a tecla CTRL do teclado pressionada.

➲ Excluir

Utilizando esta opção, serão apagados para sempre os arquivos que não deseja no computador, liberando espaço no disco (HD).

Para excluir um arquivo da lixeira, siga os passos:

Primeiro Passo

Clique sobre o arquivo que deseja excluir da lixeira.

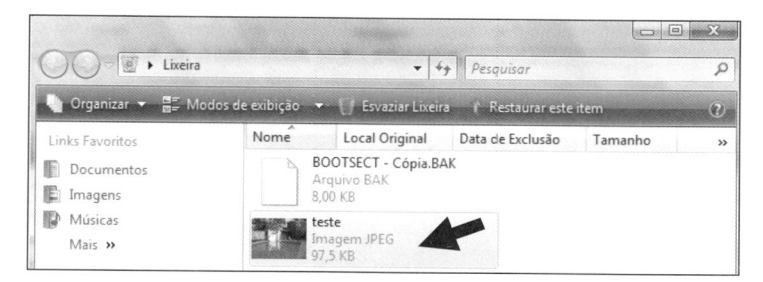

Figura 2.74

Segundo Passo

 Acesse o **Organizar** e clique na opção **Excluir**.

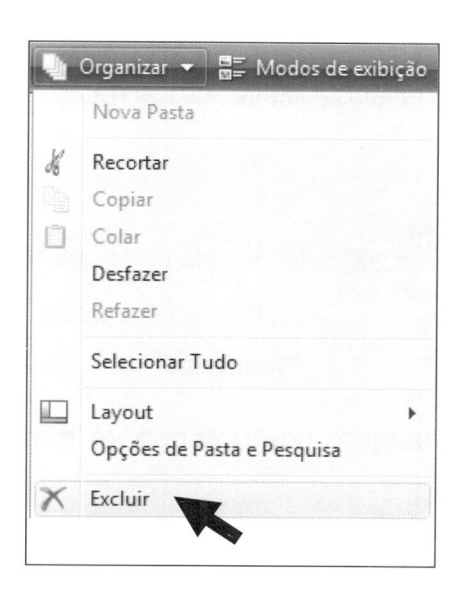

Figura 2.75

Aparecerá uma mensagem confirmando se deseja realmente excluir definitivamente este arquivo, podendo aceitar a exclusão ou não.

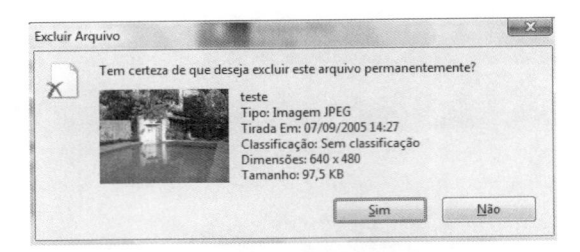

Figura 2.76

➲ Esvaziar Lixeira

Esta opção tem a mesma função do **Excluir**, mas com uma grande diferença: o **Esvaziar lixeira** exclui todos os itens da lixeira de uma só vez e o **Excluir** permite que se escolham os itens que serão apagados.

Para utilizar este comando, siga os passos:

Primeiro Passo

 Dentro da janela lixeira, clique na opção **Esvaziar Lixeira**.

Figura 2.77

Aparecerá uma mensagem perguntando se deseja excluir todos os itens da lixeira.

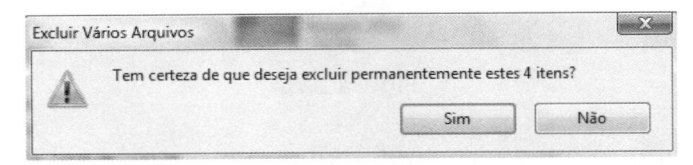

Figura 2.78

Criando Pastas

Podemos criar uma pasta para guardar nossas músicas no computador, outra só para
cartas, uma só para fotos e assim por diante,
deixando o computador organizado e facilitando o trabalho com esses dados. Para criar
uma pasta, siga os passos:

Primeiro Passo

Abra o **Computador** clicando duas vezes sobre o seu
ícone na Área de Trabalho ou acessando através do
botão iniciar e clicando na opção **Computador**.

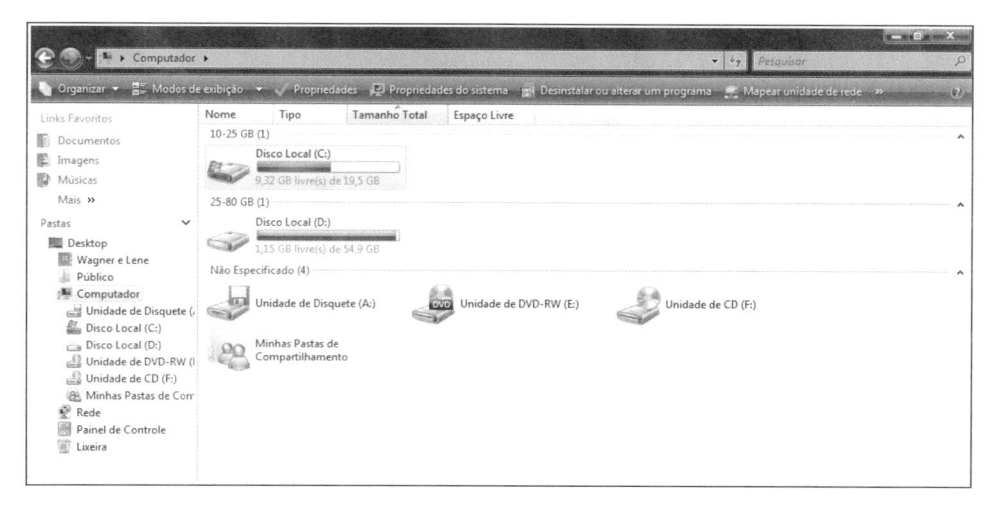

Figura 2.79

Segundo Passo

O segundo passo é estar dentro do local onde deseja criar a pasta.

No nosso exemplo, criaremos uma pasta dentro da unidade **Disco Local C:** portanto, com o **Computador** aberto, clique duas vezes sobre a unidade C: (*disco local*).

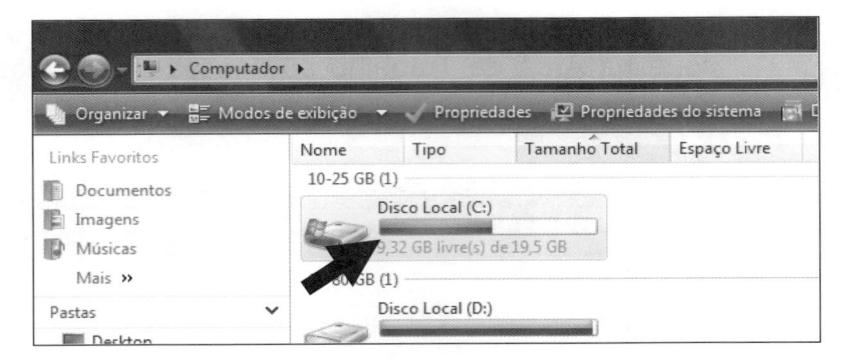

Figura 2.80

Terceiro Passo

Agora que já está dentro do local onde deseja criar a pasta, clique na opção **Organizar** e clique em **Nova Pasta**.

Figura 2.81

Quarto Passo

 Escreva o nome para a pasta que criou e pressione ENTER no teclado.

No nosso exemplo o nome da pasta será "teste", mas poderia ser qualquer outro.

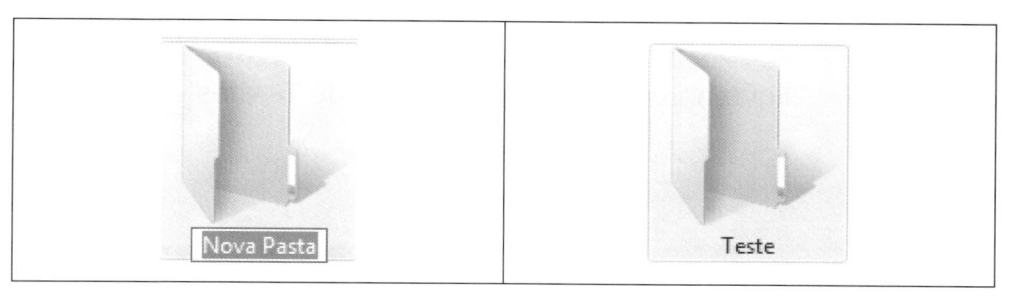

Depois de criada a pasta, podemos salvar dentro dela cartas, músicas, fotos e qualquer arquivo ou pasta que se deseja. Isto ajuda a organizar as informações dentro do computador.

Importante

Nos próximos capítulos será mostrado como salvar documentos, planilhas e apresentações que poderão ser colocados dentro desta pasta que foi criada.

Atalho

Os atalhos podem ser criados para facilitar o acesso a programas e aplicativos.

Será criado, como exemplo, um atalho para o "Microsoft Word 2007" na área de trabalho, mas poderia ser qualquer outro programa ou aplicativo:

Primeiro Passo

Clique no botão **Iniciar** na Barra de Tarefas.

Figura 2.82

Segundo Passo

Clique no botão **Todos os Programas** e clique em **Microsoft Office**.

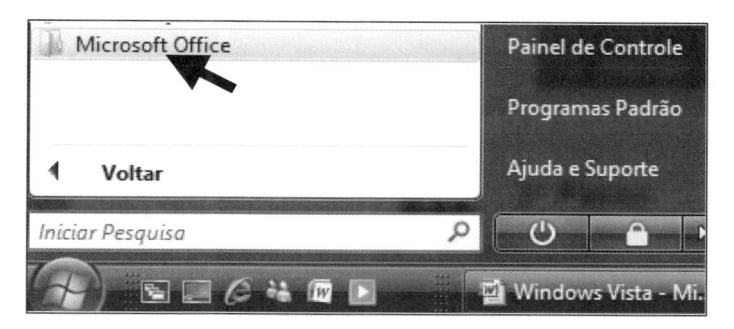

Figura 2.83

Terceiro Passo

Aponte o cursor do mouse para **Microsoft Office Word 2007** e clique no botão direito do mouse.

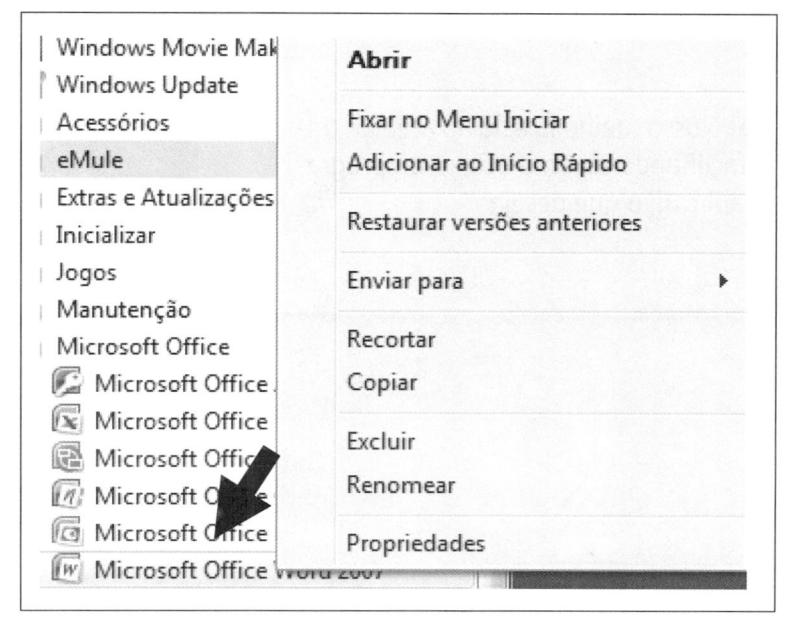

Figura 2.84

Quarto Passo

Para o quarto e último passo, clique na opção **Enviar para** e clique em **Área de Trabalho** (criar atalho).

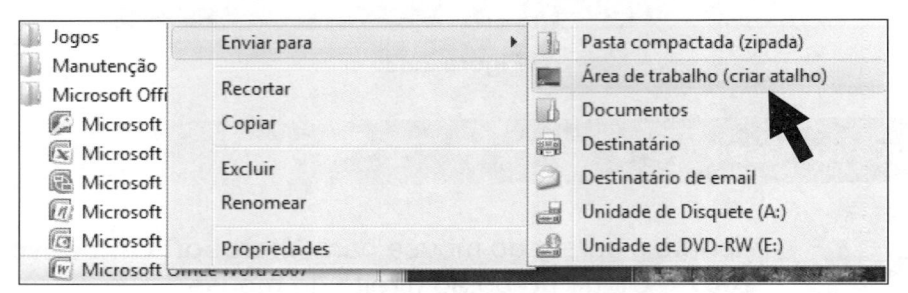

Figura 2.85

Pronto! Nosso atalho já está na área de trabalho, facilitando assim o acesso ao programa ou aplicativo que deseja.

Exercícios

1. Para que servem os ícones?

_____

_____

_____

2. Qual a função do botão Minimizar?

_____

_____

_____

3. Quais os passos para que o computador seja desligado correta-
mente?

_____

_____

_____

4. Qual a função da Proteção de Tela?

_____

_____

_____

5. Para que serve a Lixeira?

_____

_____

_____

Primeiro Contato Com o Word

O Word é um dos programas editores de textos mais conhecidos no mundo, onde fazemos nossas cartas, criamos fax, etiquetas e muitos mais.

O Word possui ferramentas como: correção ortográfica, correção gramatical, uma série de figuras, efeitos de letras, diferentes visualizações do documento e muitos outros recursos, fazendo com que este programa seja um grande sucesso entre os usuários. Todo trabalho feito no Word é chamado de documento.

Iniciando o Word

Primeiro Passo

Para iniciar o Word, clique no botão **Iniciar** na Barra de Tarefas e clique em **Todos os Programas**.

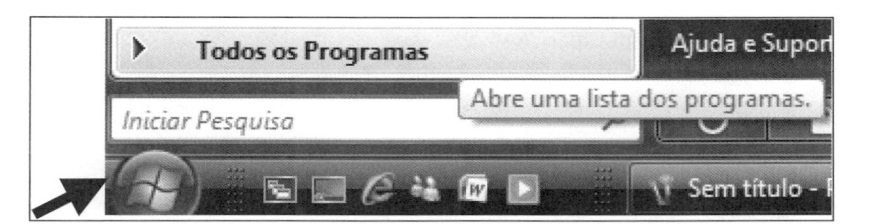

Figura 3.1

Segundo Passo

Clique em **Microsoft Office**.

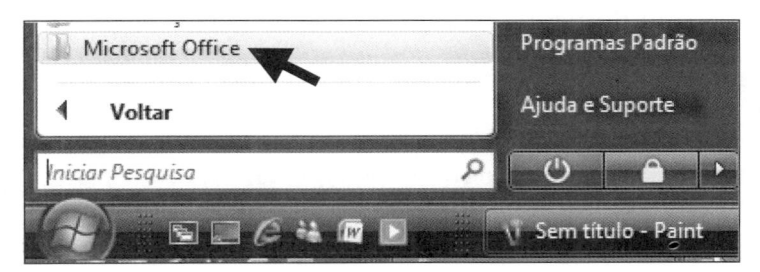

Figura 3.2

Terceiro Passo

Clique em **Microsoft Office Word 2007**.

Figura 3.3

Janela do Word

À primeira vista pode assustar esses montes de botões e opções que o Microsoft Word oferece, mas no decorrer do nosso estudo aprenderemos passo a passo que eles auxiliam e muito o desenvolvimento dos trabalho que desejamos fazer.

Na imagem abaixo conhecemos os itens que compõem a janela do Microsoft Word, com suas devidas referências.

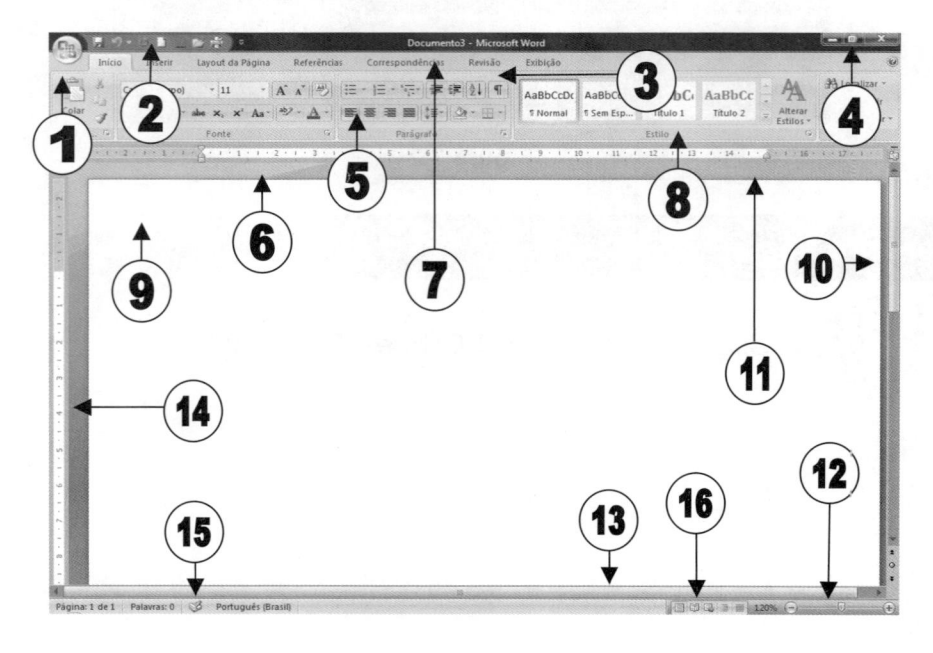

1	Botão do Office	9	Área de Trabalho (folha)
2	Barra de Acesso Rápido	10	Barra de Rolagem Vertical
3	Guias	11	Final do Parágrafo
4	Dimensionamento da Tela	12	Zoom
5	Conteúdo da Guia	13	Barra de Rolagem Horizontal
6	Régua	14	Régua Vertical
7	Barra de Título	15	Status
8	Grupo da Guia	16	Modo de Visualização

Barra de Status

No final da janela do Microsoft Word, tem uma barra cujo nome é **Barra de Status** que fornece informações sobre o documento que está sendo feito como: número de páginas que o documento contém, qual página está sendo visualizada e muito mais.

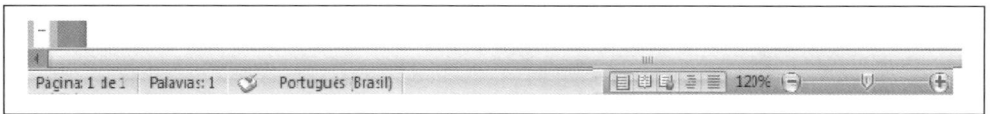

Figura 3.4

Citaremos algumas funções específicas:

➲ Página

Esta opção revela em qual página estamos e o número total de páginas que o nosso documento possui.

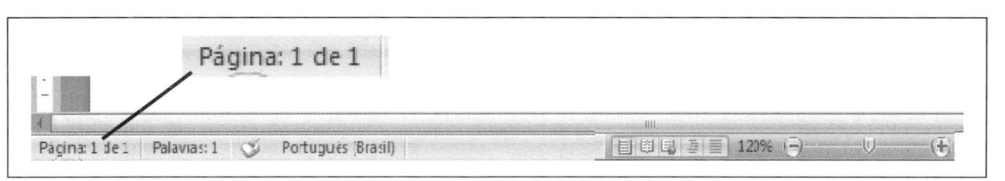

Figura 3.5

➲ Palavras

Mostra a quantidade de palavras que o documento possui.

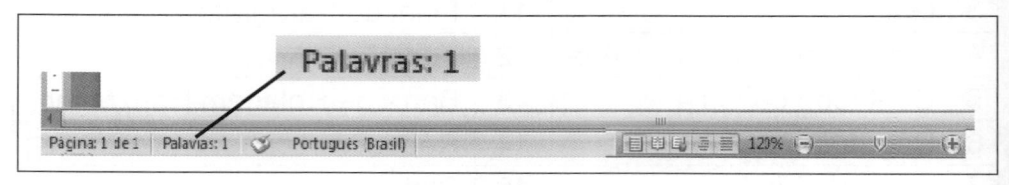

Figura 3.6

➲ Idioma

Nesta parte é mostrado em que idioma será verificada a ortografia do nosso trabalho.

Figura 3.7

➲ Modo de Exibição

Nesta opção podem ser alteradas as diferentes formas de visualizar o documento.

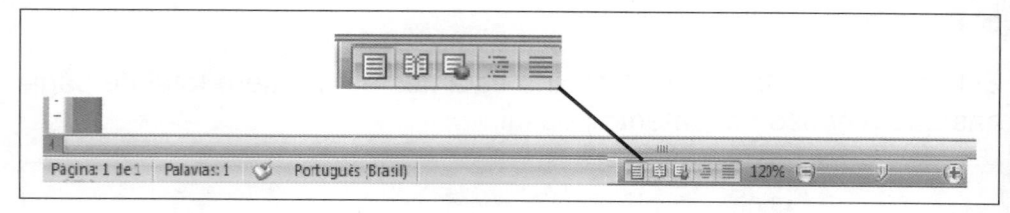

Figura 3.8

Barras de Ferramentas de acesso rápido

Como o próprio nome já sugere as barras de ferramentas de acesso rápido contêm vários botões que possibilitam uma maior facilidade e rapidez na execução de algumas determinadas tarefas.

Figura 3.9

Conhecendo a Barra de Título e as principais guias:

➲ Barra de título

Local onde está o nome do programa que estamos trabalhando e o nome do documento. À sua direita estão o botão **Fechar** e os botões de dimensionamento, como: maximizar, minimizar e restaurar, que aplicam ações referentes à janela do programa.

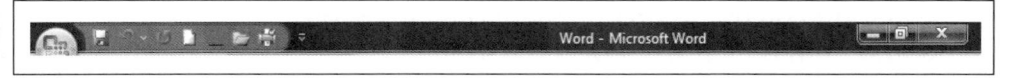

Figura 3.10

No Word 2007 podemos utilizar as guias para encontrar o que desejamos fazer. Cada uma contém uma determinada tarefa ou procedimento a ser realizado, como veremos a seguir.

⊃ Início

As principais atividades podem ser encontradas nesta guia como: alinhamentos, tamanho e cor da fonte, copiar-colar e muitas outras.

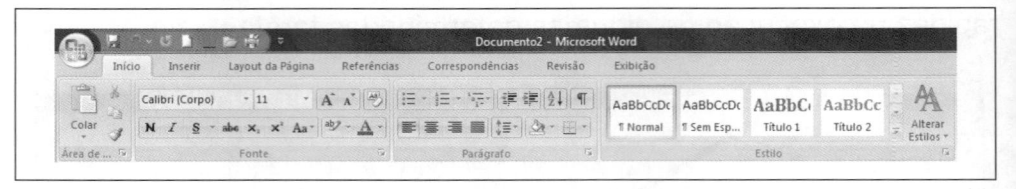

Figura 3.11

⊃ Inserir

Utilizamos esta guia sempre que desejamos inserir algo como: Formas, WordArt, Clip-art, Tabela, Quebra de Página, Símbolos e outros recursos.

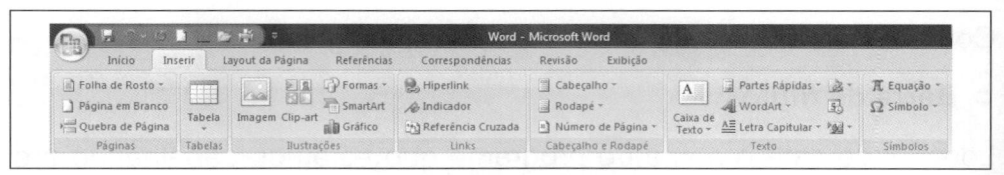

Figura 3.12

⊃ Layout da Página

Oferece todos os recursos necessários para alterar o layout da página de acordo com a necessidade do usuário.

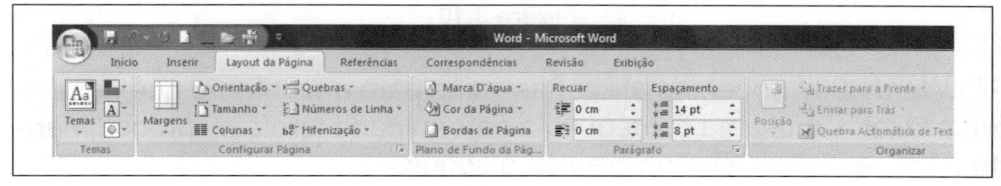

Figura 3.13

➲ Referências

Esta guia oferece a possibilidade de serem colocados no documento todos os tipos de referências que o Word oferece. O recurso de referência pode ser observado em vários livros que lemos.

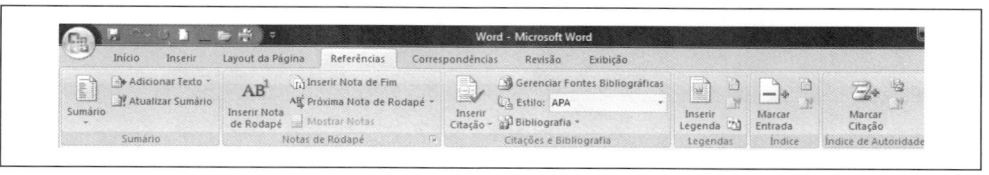

Figura 3.14

➲ Correspondências

Com esta guia podemos criar etiquetas, envelopes e mala direta, que é o desenvolvimento de uma mesma correspondência para todos os amigos de uma só vez.

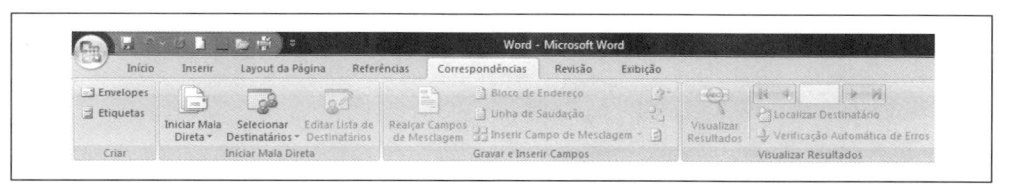

Figura 3.15

➲ Revisão

Com esta guia, podemos aplicar revisões ortográficas e gramaticais, corrigindo assim possíveis deslizes.

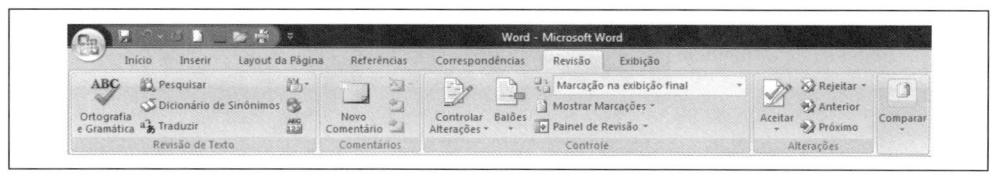

Figura 3.16

➲ Exibição

Com esta guia pode ser determinado vários tipos de exibição do documento criado, atendendo assim a nossa necessidade.

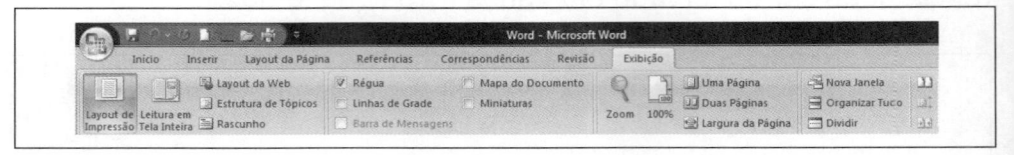

Figura 3.17

Utilizando o Recurso de Ajuda

Utilizamos este recurso quando estamos fazendo alguma tarefa do Word e esquecemos como se muda a cor do texto, como se coloca aquela figura no cartão de aniversário que está sendo criado ou outra atividade que deseja fazer.

Vamos então tirar nossas dúvidas, seguindo os passos:

Primeiro Passo

Clique no botão **Ajuda do Microsoft Office Word**.

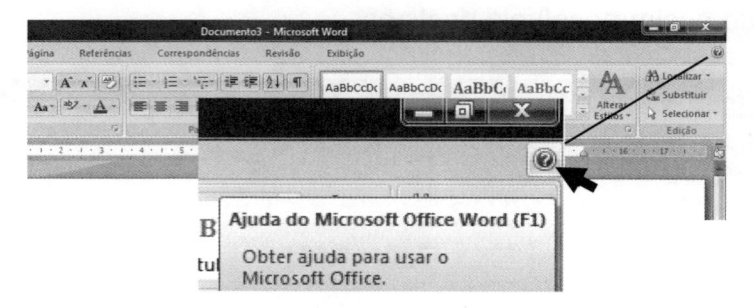

Figura 3.18

Segundo Passo

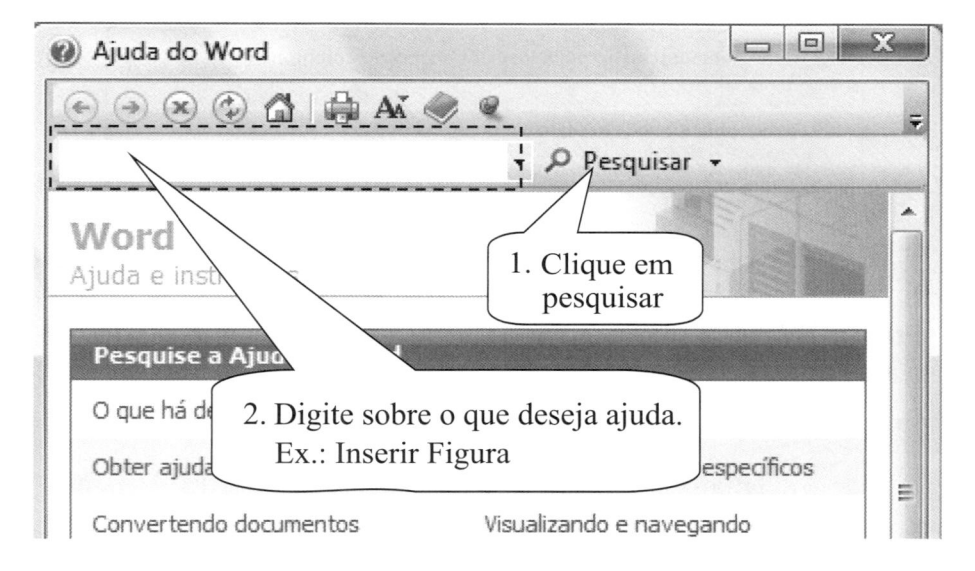

Figura 3.19

Terceiro Passo

Clique sobre qual informação deseja. No nosso exemplo será **inserir uma imagem ou um clip-art**.

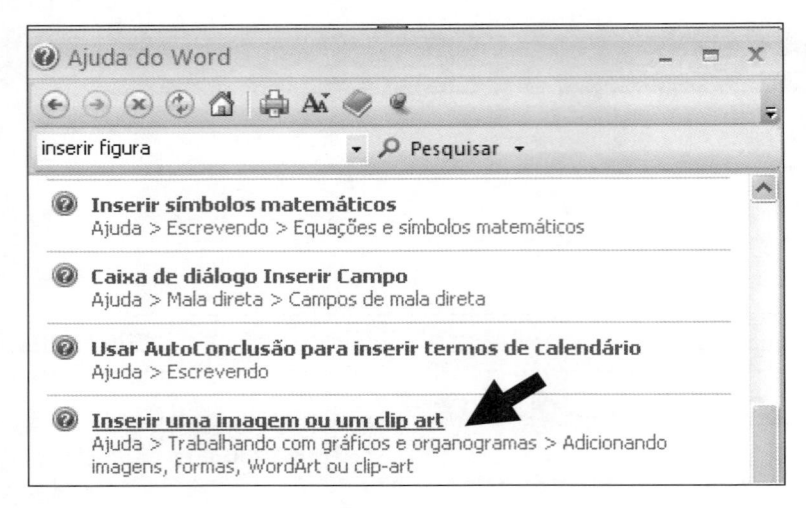

Figura 3.20

Pronto!!! Agora é só seguir a ajuda do Word que você conseguirá inserir a imagem.

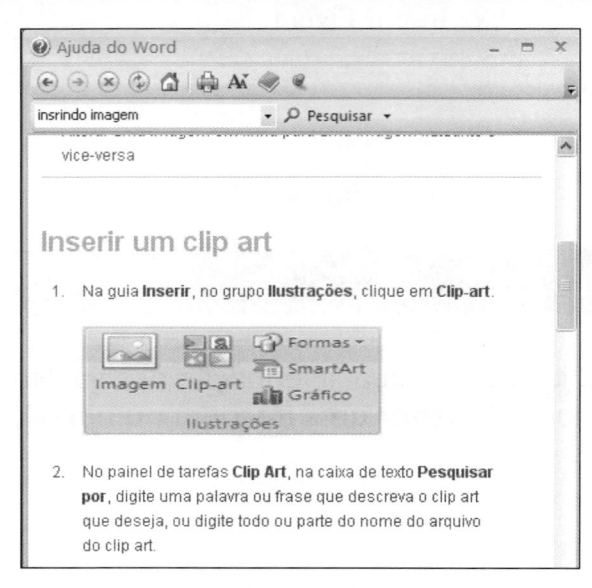

Figura 3.21

Fechando o Word

Quando não se deseja mais trabalhar com o programa Word, devemos fechá-lo seguindo os passos a seguir.

Primeira Maneira

Primeiro Passo

Clique no botão do **Office** situado no canto superior esquerdo.

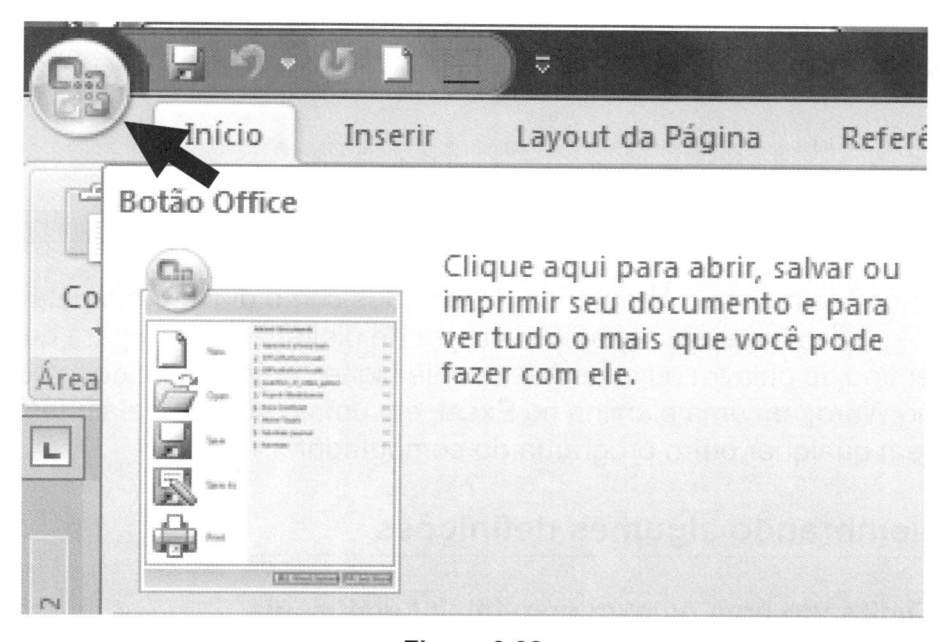

Figura 3.22

Segundo Passo

 Clique na opção **Sair do Word**.

Figura 3.23

Segunda Maneira

Clique no botão **Fechar** da barra de título, como aprendemos anteriormente.

Digitando Texto

Como visto no capítulo anterior, já sabemos como digitar uma palavra e colocar a sua acentuação. Esta regra de digitação valerá para qualquer tipo de palavra ou texto que deseja digitar, seja em um documento no Word, em uma planilha no Excel, em uma conversa pela Internet ou em qualquer outro programa do computador.

Relembrando algumas definições

⊃ Digitando uma palavra com inicial maiúscula

Com a tecla SHIFT pressionada, digite a letra que deseja colocar maiúscula.

Como exemplo, será escrita uma inicial maiúscula do nome "Marcelo".

Primeiro Passo

Com o **SHIFT** pressionado (no teclado), digite a letra "m".

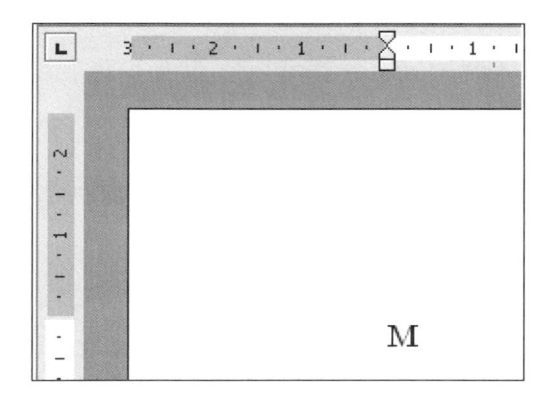

Figura 3.24

Segundo Passo

Soltando o **SHIFT**, digite o resto do nome, que é "arcelo".

Marcelo

Figura 3.25

⊃ Digitando uma Palavra com Acento

Quando quiser usar os acentos que estão em cima do botão, como a exclamação "!", deixe pressionado o SHIFT, enquanto digita o acento desejado.

Quando quiser usar os acentos que estão embaixo do botão, como o agudo " ´ ", pressione o acento desejado e a letra. (Ex. ´ + a = á)

> **OBS.:** O acento tem que ser digitado *antes* da letra em que deseja colocá-lo.
> Ex.: será (digite s + e + r + acento agudo + a).

⊃ Digitando uma Palavra ou Texto todo Maiúsculo

Ativando a tecla **CapsLock** localizada do lado esquerdo do teclado, automaticamente tudo que for digitado ficará maiúsculo, poupando assim maiores esforços.

Figura 3.26

Para desligar o **CapsLock**, basta apertar a tecla novamente.

⊃ Digitando um Poema

Digite o poema abaixo para que possamos utilizá-lo para aplicar vários recursos.

Há Esperança

Ao acordar olho na janela mais um dia que amanhece

Mais uma flor que floresce

Mais um canto dos pássaros que insistem em voar

Independente da vida que nunca se esquece

Vou continuar seguindo em frente

Deus é quem ajuda a gente

A continuar a caminhar contente

Por isso continuo seguindo em frente

Até ver a minha vida para frente

E vê-la totalmente mudar.

Wagner Cantalice

Salvando um Documento

Ao fazer um documento ou quando terminamos, podemos salvá-lo para que possamos utilizá-lo no futuro, não havendo necessidade de digitar tudo novamente, pois o mesmo estará "guardado".

Quando estamos salvando pela primeira vez, teremos que informar qual nome desejamos para este documento e em que local desejamos salvá-lo. Este procedimento é chamado pelo Word de **Salvar Como**.

Após salvo o documento pela primeira vez, e houver alguma alteração como cor da letra, inserção de alguma figura ou qualquer outra alteração ao documento originalmente salvo, basta escolhermos a opção **Salvar** nas próximas vezes que automaticamente será atualizado o documento original com as alterações feitas, não havendo a necessidade de colocar novamente o nome do documento e o local em que será salvo.

Siga os procedimentos:

Primeira Maneira

Usando o botão do **Office**, escolha a opção **Salvar Como**.

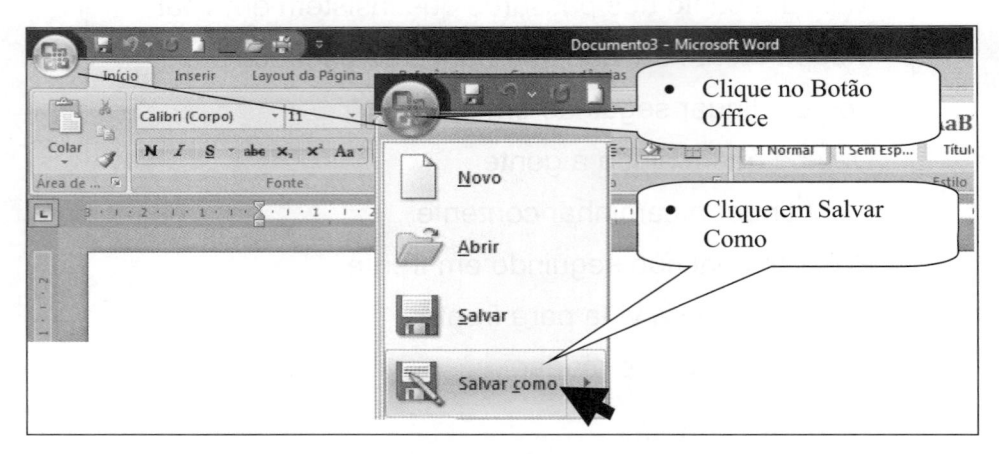

Figura 3.27

Segunda Maneira

Uma forma fácil e rápida é clicar no botão referente a salvar que está na **barra de ferramentas de acesso rápido**.

Figura 3.28

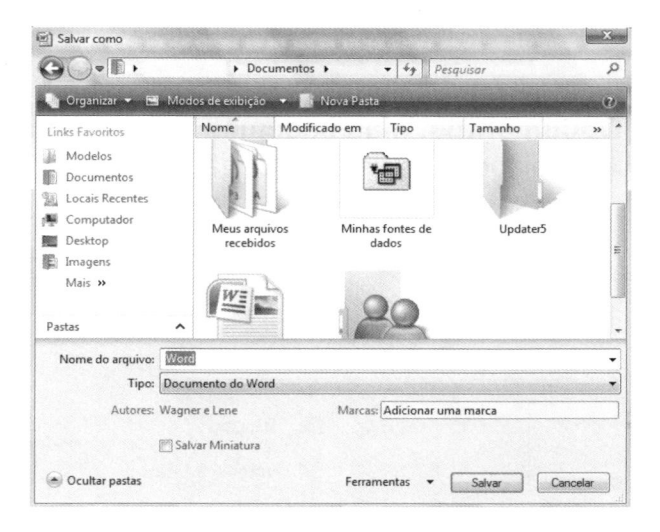

Figura 3.29

➲ Nome do Arquivo

Digite o nome com que deseja salvar o seu documento. Para uma melhor identificação do documento feito, é colocado um nome de acordo com o documento.

Por exemplo, se for um poema como é o nosso exemplo, salvamos como "Poema Há Esperança" ou algum outro nome que lembrará este documento como sendo referente ao poema Há Esperança, facilitando a sua localização.

Figura 3.30

Importante

Por padrão, o Word sugere o título dado ao trabalho como sendo o nome para este documento, mas nada impede que você altere esta sugestão para o nome que melhor atender sua necessidade.

⊃ Local

Escolha em que local será salvo este arquivo. Por padrão o Word sugere a pasta **Documentos**. Mas podemos salvá-lo em um disquete, pen drive ou outro dispositivo de armazenamento.

Figura 3.31

Após ter colocado o nome que deseja e o local, clique no botão salvar.

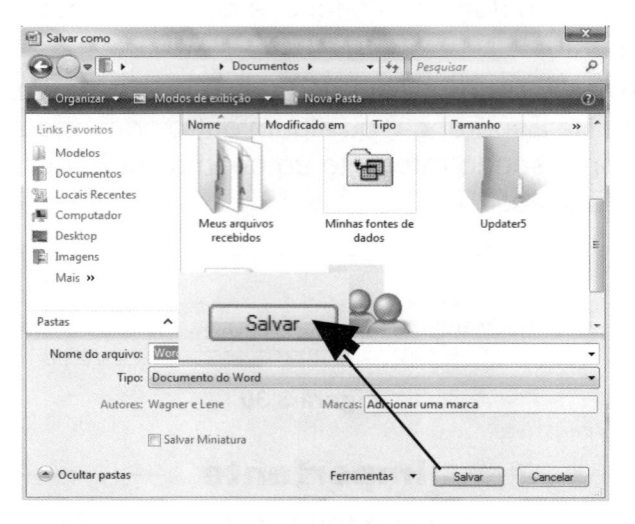

Figura 3.32

Após digitar o poema e salvá-lo, iremos aplicar alguns recursos

Selecionando Textos ou Palavras

Qualquer alteração a ser feita em um texto ou palavra, seja tamanho da letra, tipo da letra, alinhamento, comando e outros recursos, selecione o que deseja alterar (palavra, texto) para que o Word reconheça o local onde serão aplicadas as modificações.

Siga os passos para selecionar:

Primeiro Passo

Posicione o cursor do mouse antes do início da palavra, ou antes do início de um texto que deseje selecionar.

> **Há Esperança**
>
> |Ao acordar olho na janela mais um dia que amanhece
>
> Mais uma flor que floresce

Figura 3.33

Segundo Passo

Clicando com o botão esquerdo do mouse e deixando-o pressionado, arraste-o até o final da palavra ou texto que deseja selecionar e solte o botão do mouse.

> **Há Esperança**
>
> Ao acordar olho na janela mais um dia que amanhece
>
> Mais uma flor que floresce
>
> Mais um canto dos pássaros que insistem em voar

Figura 3.34

> **Pronto!** O texto já está selecionado, e você pode agora aplicar as alterações desejadas.

Formatações de Texto

As formatações são alterações no texto no que diz respeito a cores, tamanho, alinhamento, tipo de letra e outros recursos que embelezam nosso trabalho.

Funções Básicas

Na guia início contém formatações básicas como: **negrito**, *itálico*, tipo e tamanho da fonte e muitas outras coisas:

Figura 3.35

↪ Modificar o tipo da fonte

A fonte é responsável pela beleza da palavra ou texto deixando de acordo com o tipo de trabalho que deseja. Para aplicar essa modificação da fonte, selecione o texto ou palavra e clique sobre o nome da fonte escolhida na caixa **Fonte**.

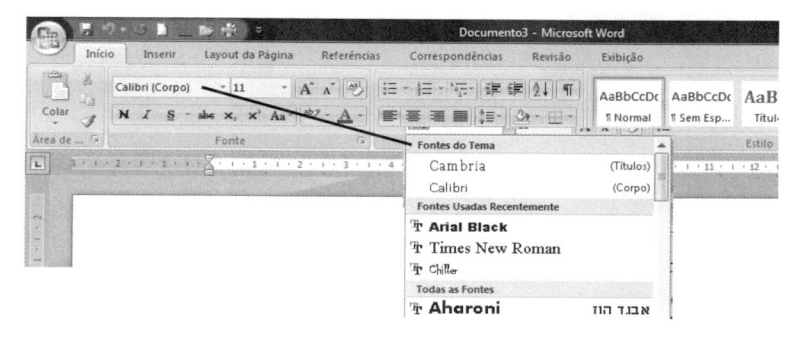

Figura 3.36

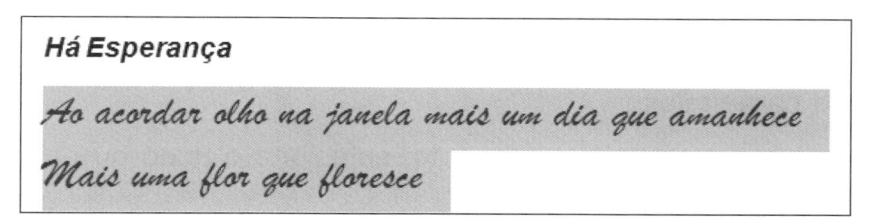

Figura 3.37

➔ Modificar o tamanho da fonte

Para modificar o tamanho da fonte (aumentar ou diminuir a letra), selecione o texto ou palavra e clique sobre o tamanho da letra na caixa **Tamanho da Fonte**.

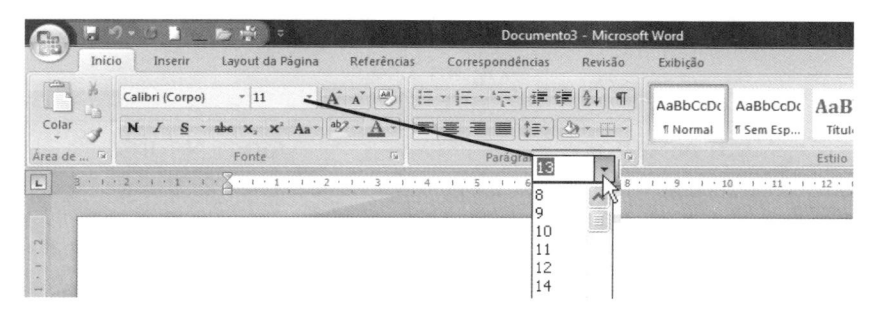

Figura 3.38

O Word 2007 possui dois botões que aumentam ou diminuem o tamanho da fonte seqüencialmente, sem a necessidade da escolha de um número específico.

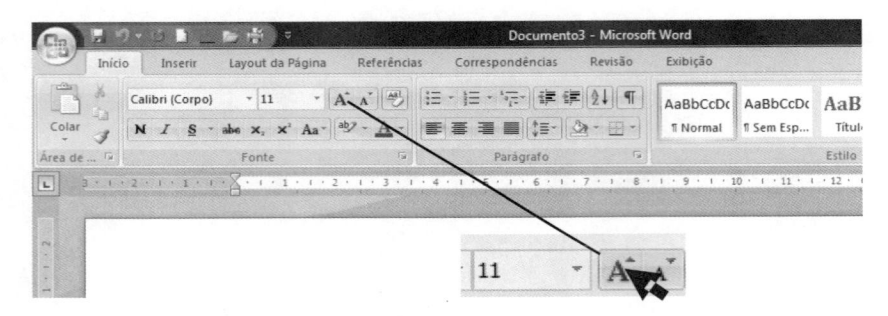

Figura 3.39

➲ Formatação em Negrito

O negrito deixa a cor da letra mais forte, sendo esta formatação muito utilizada para títulos.

Para aplicar formatação em negrito, selecione o texto ou palavra e clique no botão **Negrito**.

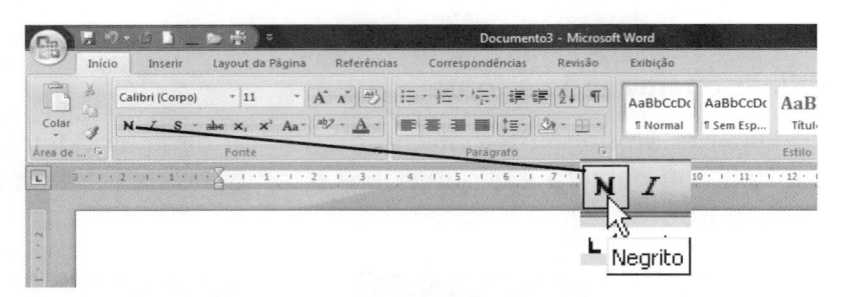

Figura 3.40

Sem Negrito	Com Negrito
Parabéns!!	*Parabéns!!*

➲ Formatação em *Itálico*

Para aplicar formatação em itálico, selecione o texto ou palavra e clique no botão **Itálico**.

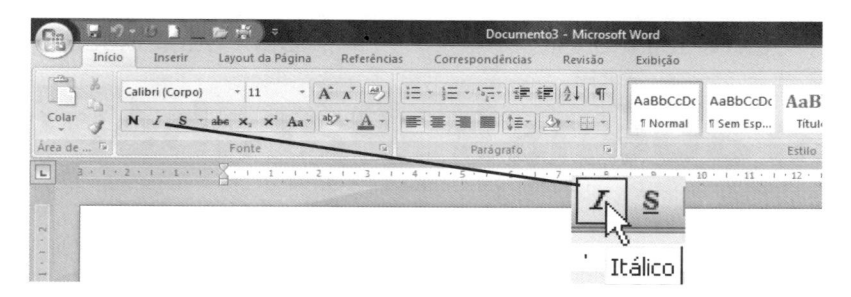

Figura 3.41

Sem Itálico	Com Itálico
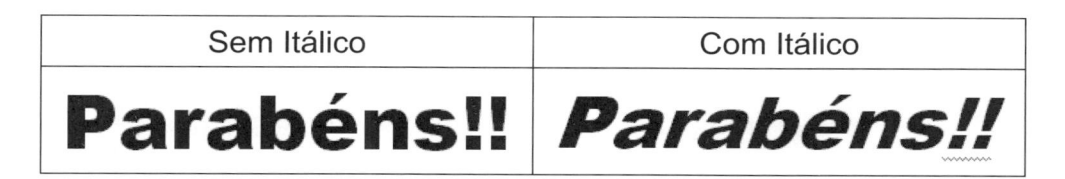	

➲ Formatação em <u>Sublinhado</u>

Para aplicar formatação em sublinhado, selecione o texto ou palavra e clique no botão **Sublinhado**.

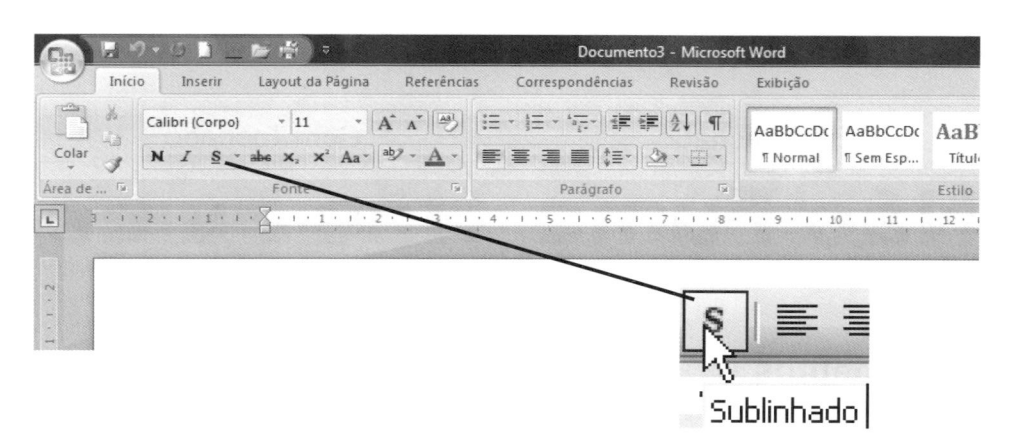

Figura 3.42

Sem Sublinhado	Com Sublinhado
Parabéns!!	**<u>Parabéns!!</u>**

➲ **Formatação em ~~Tachado~~**

Para aplicar formatação em tachado, selecione o texto ou palavra e clique no botão **Tachado**.

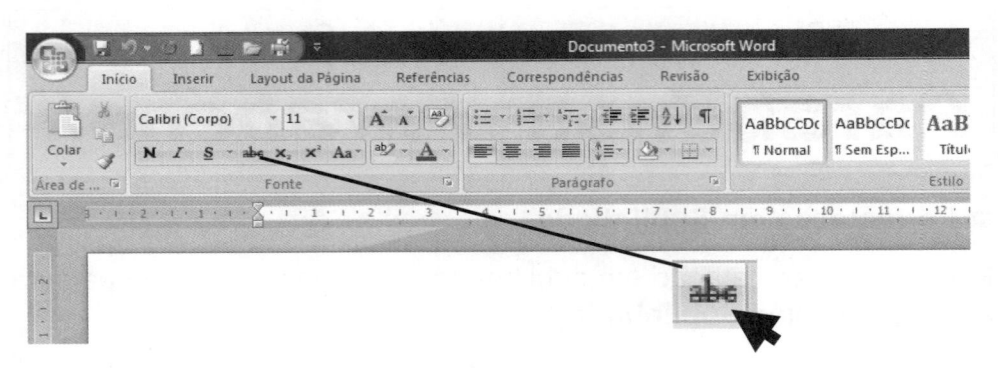

Figura 3.43

Sem Tachado	Com Tachado
Não Fume	**~~Não Fume~~**

Alinhamentos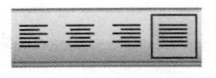

Através deste recurso, pode ser modificado o alinhamento do texto ou palavra, alterando o seu posicionamento, lembrando que para ser aplicado este recurso ao texto o mesmo deve estar selecionado.

Os alinhamentos são:

⊃ À esquerda

Neste alinhamento todo o texto ficará à esquerda.

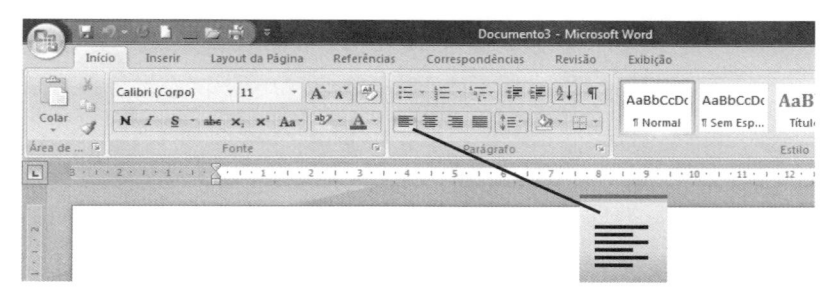

Figura 3.44

Teste, Teste, Teste, Teste, Teste, Teste, Teste, Teste,
Teste, Teste, Teste, Teste, Teste, Teste,
Teste, Teste, Teste, Teste, Teste, Teste, Teste.

⊃ À direita

Neste alinhamento o texto ficará localizado à direita da folha.

Figura 3.45

Teste, Teste, Teste, Teste, Teste, Teste, Teste, Teste,
Teste, Teste, Teste, Teste, Teste, Teste,
Teste, Teste, Teste, Teste, Teste, Teste, Teste.

∋ Centralizado

Todo o texto ficará centralizado utilizando este alinhamento.

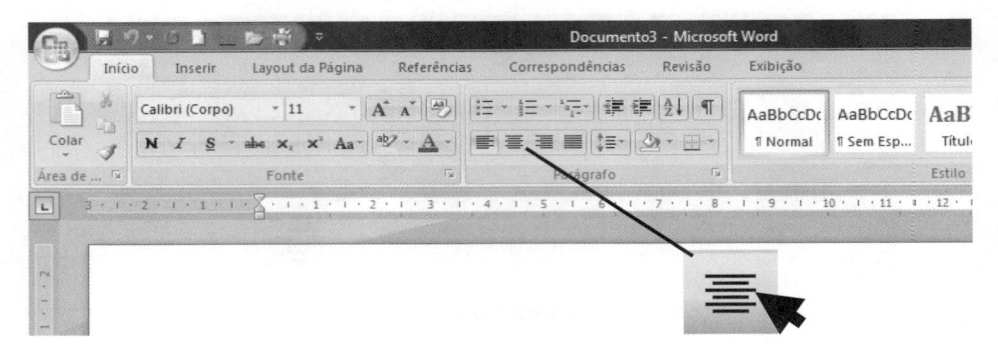

Figura 3.46

> Teste, Teste, Teste, Teste, Teste, Teste,
> Teste, Teste, Teste, Teste, Teste, Teste, Teste, Teste,
> Teste, Teste, Teste, Teste, Teste, Teste, Teste, Teste,

∋ Justificado

Com este alinhamento, o texto ficará alinhado à esquerda e à direita.

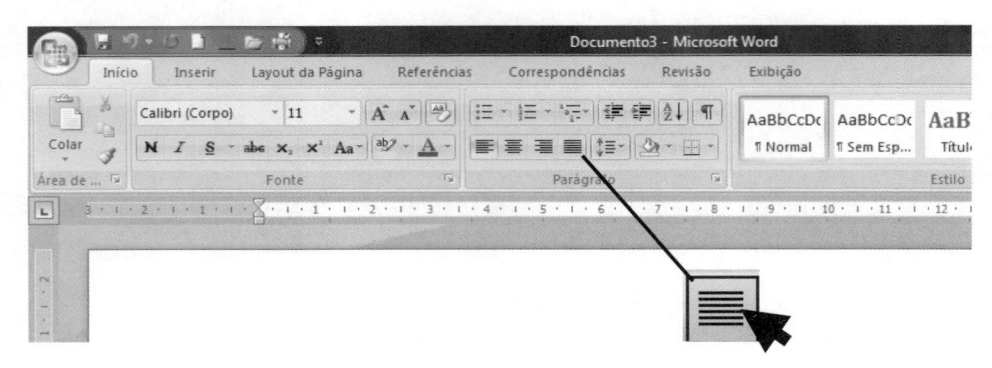

Figura 3.47

Teste, Teste,

Desfazendo e Refazendo Ações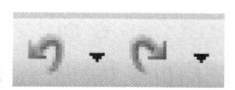

Esse é um dos comandos que dá a tranqüilidade para que altere seu documento sem preocupações, pois qualquer alteração indesejada você poderá desfazê-la ou refazê-la, retornando o documento ao seu estado correto. Esta opção está localizada na **Barra de Ferramentas de Acesso Rápido**. Caso não a encontre adicione-a na barra de acesso rápido.

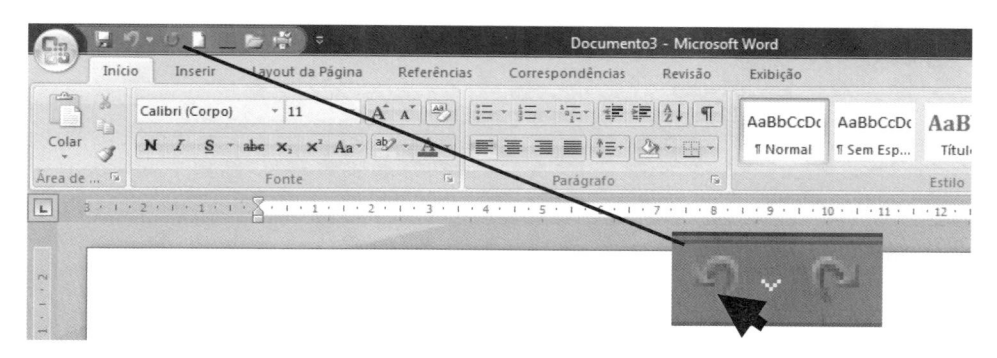

Figura 3.48

➲ Para desfazer ações realizadas. Clique em desfazer.

➲ Para refazer ações que foram desfeitas incorretamente. Clique em refazer.

> **Obs.:** Podemos clicar várias vezes, tanto no desfazer como o refazer, até que o documento fique da forma correta.

Abrindo um Documento

Toda vez que desejamos trabalhar com um documento já criado e salvo anteriormente, podemos abri-lo visualizando o seu conteúdo e realizando alterações e outras funções como imprimir, mandar o documento por e-mail e muitas outras.

Primeira Maneira – Usando o botão do Office

Primeiro Passo

 Clique no botão **Office**.

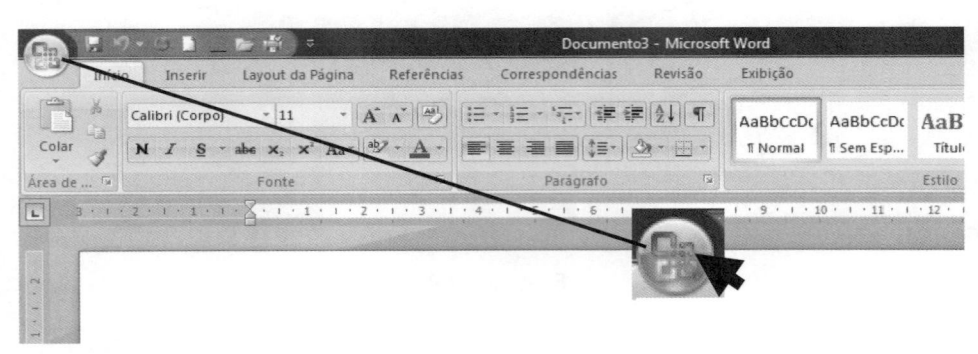

Figura 3.49

Segundo Passo

 Clique em **Abrir**.

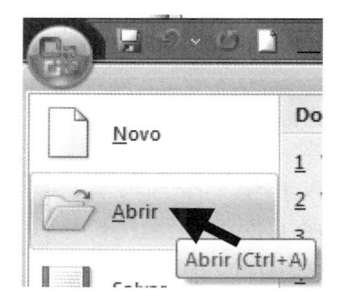

Figura 3.50

Segunda Maneira – Usando barra de acesso rápido

Outro modo é clicar no botão **Abrir** que está na Barra de Acesso rápido.

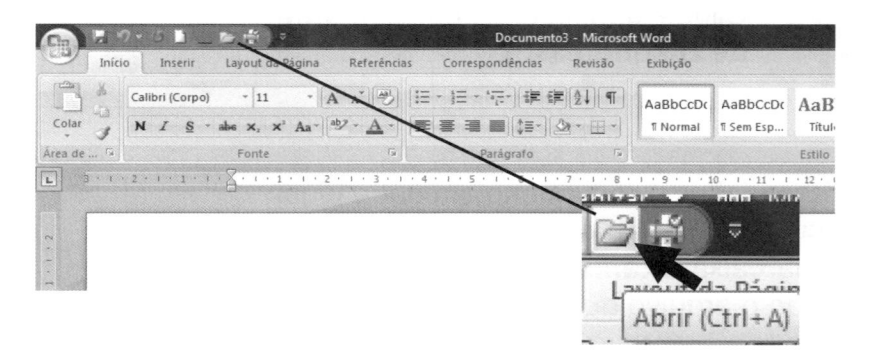

Figuras 3.51

Vamos conhecer os itens da Janela Abrir:

➲ Examinar

Local que determina a pasta ou o local onde está o documento que será aberto.

Figura 3.52

Para abrir um documento de um disquete, siga os passos:

Primeiro Passo

 Abra a caixa de opções e clique sobre **Computador**, como no exemplo ao lado.

Segundo Passo

 Clique duplamente em **Unidade de Disquete (A:)**.

Caso deseje abrir o documento em outro lugar do computador (dentro de uma pasta), escolha através da caixa **Examinar** o local onde será encontrado o arquivo que deseja abrir.

Aparecendo o arquivo que deseja abrir, siga os passos:

Primeiro Passo

 Clique sobre o arquivo que deseja abrir.

Segundo Passo

Clique no botão **Abrir**.

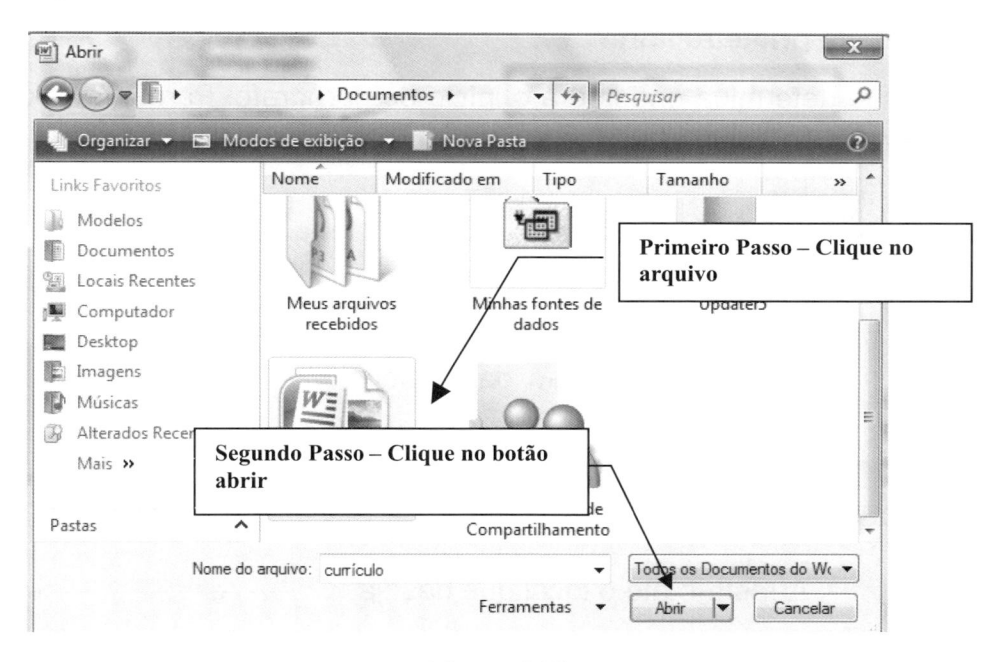

Figura 3.53

Importante

Ao dar um clique duplo sobre o nome do arquivo que deseja abrir, ele abrirá sem a necessidade de clicar no botão **Abrir**.

Recuo de Parágrafo

O recuo de parágrafo pode ser utilizado para dar maior elegância ao nosso texto, alterando o início e término do parágrafo e o comportamento do próximo parágrafo. Uma vez determinados os recuos não é preciso configurar mais nada, pois automaticamente o Word aplicará os valores determinados em todo o documento.

➲ Recuo da primeira linha

Este recuo determina onde será o início do parágrafo. Para alterar o recuo da primeira linha do seu parágrafo, siga os passos:

Primeiro Passo

Clique e deixe pressionado o botão esquerdo do mouse sobre o marcador de recuo da primeira linha.

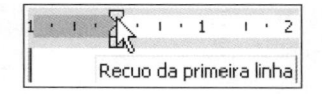

Segundo Passo

Arraste-o até o local que deseja.

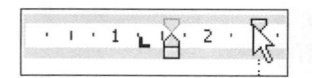

Exemplo:

Teste Teste Teste Teste Teste Teste Teste Teste Teste Teste Teste TesteTeste Teste Teste Teste Teste Teste Teste Teste Teste Teste Teste TesteTeste Teste Teste Teste Teste Teste Teste Teste Teste Teste Teste TesteTeste Teste Teste Teste Teste Teste Teste Teste Teste Teste Teste TesteTeste Teste Teste Teste Teste Teste Teste Teste Teste Teste Teste Teste.

➲ Recuo Deslocado

Este recuo determina em que local será digitada a próxima linha depois de terminada a linha anterior.

Para modificar o recuo deslocado (da segunda linha), siga os passos:

Primeiro Passo

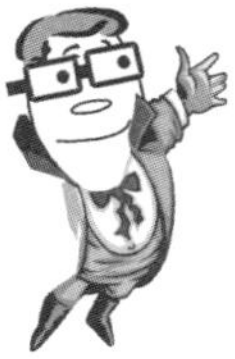

Clique e deixe pressionado o botão esquerdo do mouse sobre o recuo deslocado.

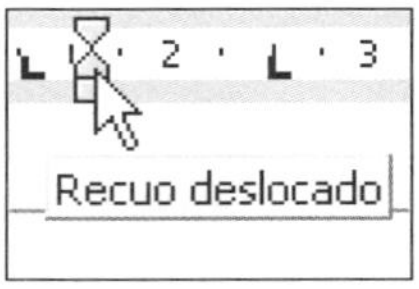

Segundo Passo

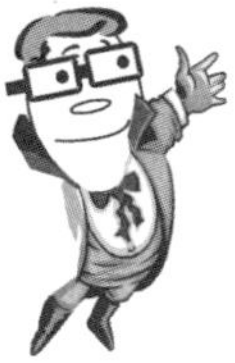

Arraste o recuo para o local desejado.

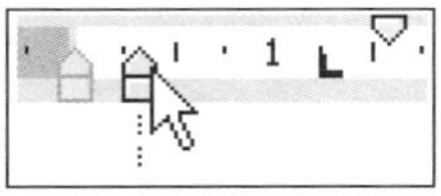

➲ Recuo da Primeira Linha e Deslocado

Para mover tanto o recuo da primeira linha como o recuo deslocado, utilizamos o recuo **à esquerda**. Siga os passos:

Primeiro Passo

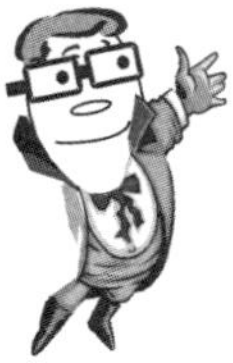

Clique e deixe pressionado o botão esquerdo do mouse sobre o recuo **à esquerda**.

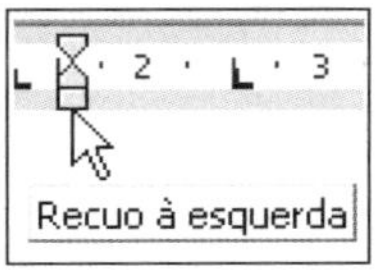

Segundo Passo

 Arraste o recuo **à esquerda** para o local desejado.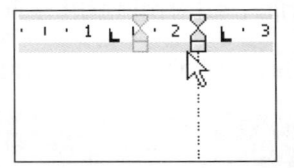

Importante

Podemos utilizar medidas precisas para recuos de parágrafos através do comando **Parágrafo** contido na guia Layout da página.

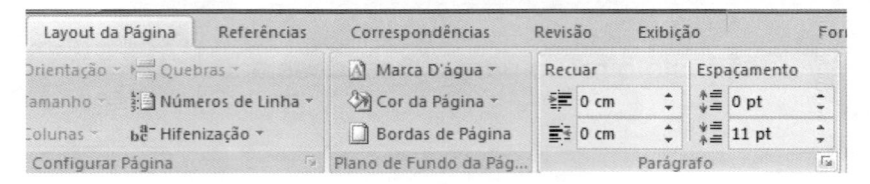

Figura 3.54

OBS.: Depois de inseridos os recuos desejados é só digitar o texto, seguido por Enter quanto for o início de um novo parágrafo, que o Word fará automaticamente a arrumação do texto de acordo com os recuos determinados.

Verificando a Ortografia e a Gramática

Com este recurso podemos corrigir possíveis erros de ortografia ou de gramática.

○ Erros de Ortografia

Quando acabamos de escrever uma palavra e a mesma fica sublinhada de vermelho, não quer dizer que a palavra esteja necessariamente errada, pois o Word pode não estar reconhecendo.

Para corrigir um possível erro, clique com o botão direito do mouse sobre a palavra que está sublinhada de vermelho, selecionando uma das sugestões ou ignorando-as.

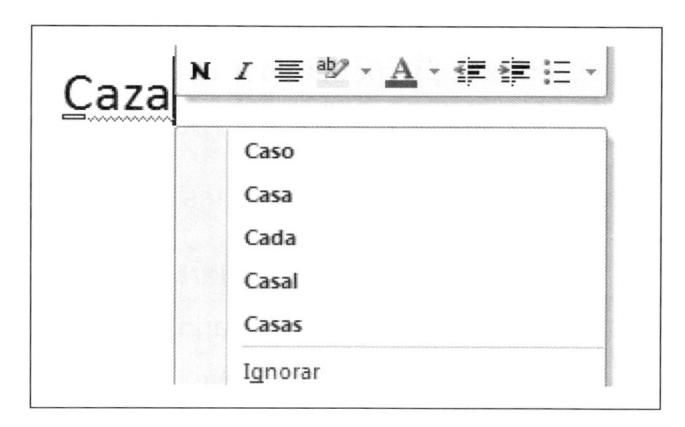

Figura 3.55

Caso sua palavra esteja realmente errada, clique sobre a maneira correta mostrada pelo corretor. Estando sua palavra correta, ignore a sugestão.

○ Erros de Gramática

Se, ao digitar uma palavra, a mesma ficar sublinhada de verde, é uma sugestão de correção gramatical, o que não quer dizer que a concordância gramatical esteja errada.

Para corrigir um possível erro, clique com o botão direito do mouse sobre a palavra que está sublinhada, selecionando uma das sugestões ou ignorando-as.

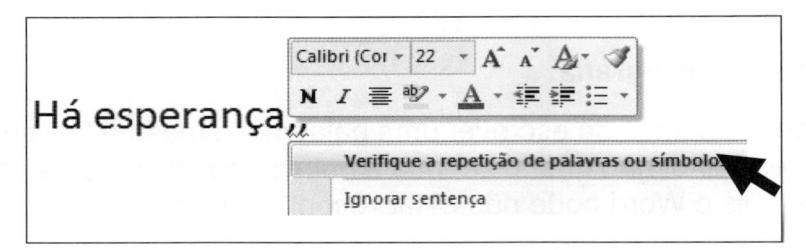

Figura 3.56

Marcadores e Numeração

Os marcadores ou numeração podem ser utilizados para destacar e organizar itens de uma lista no documento, deixando-o mais claro e arrumado.

Ex: Uma receita culinária com os ingredientes:

Numeração	Marcador
1. Farinha	• Farinha
2. Ovo	• Ovo
3. Leite	• Leite

Para uma melhor compreensão, faremos um exemplo seguindo os passos:

Primeiro Passo

 Digite o título da lista. No nosso exemplo será "Bolo de Formiga". Pressione ENTER no teclado.

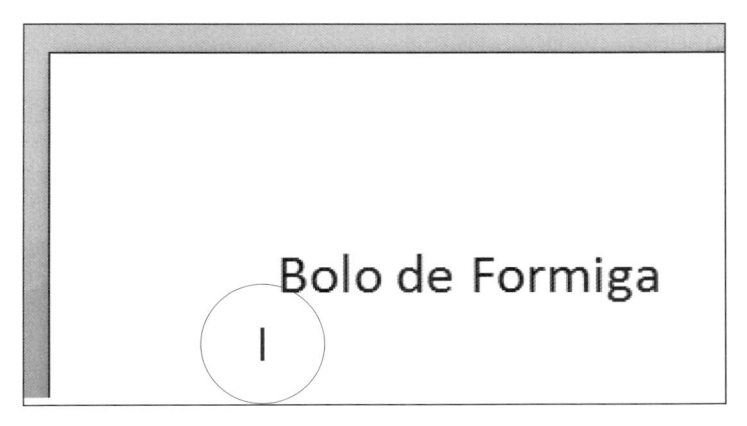

Figura 3.57

Segundo Passo

 Clique no botão marcador ou numeração, que 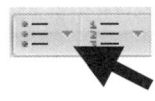 se encontra por padrão na guia **Início**.

No nosso exemplo escolheremos a opção **Marcadores,** como mostra a imagem abaixo.

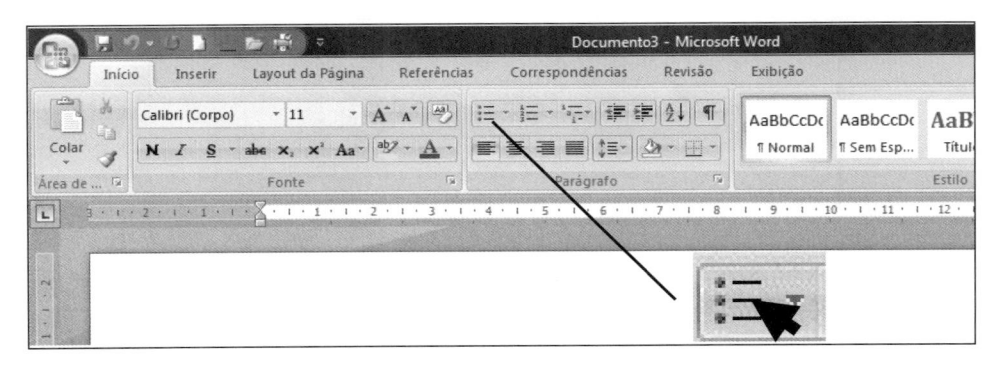

Figura 3.58

Marcador Inserido no documento:

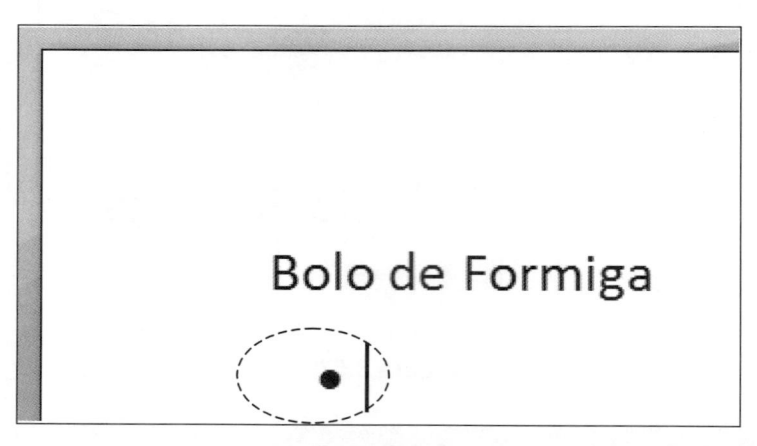

Figura 3.59

Terceiro Passo

 Digite o primeiro item da receita.

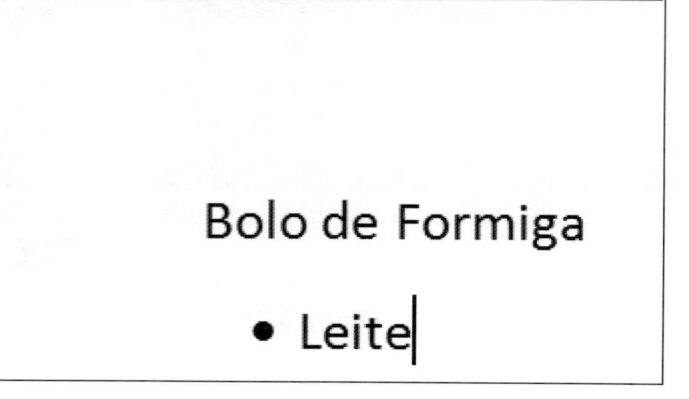

Figura 3.60

Quarto Passo

 Para criar o próximo item da lista com marcador ou numeração basta pressionar **ENTER** e escrever o outro ingrediente e assim por diante.

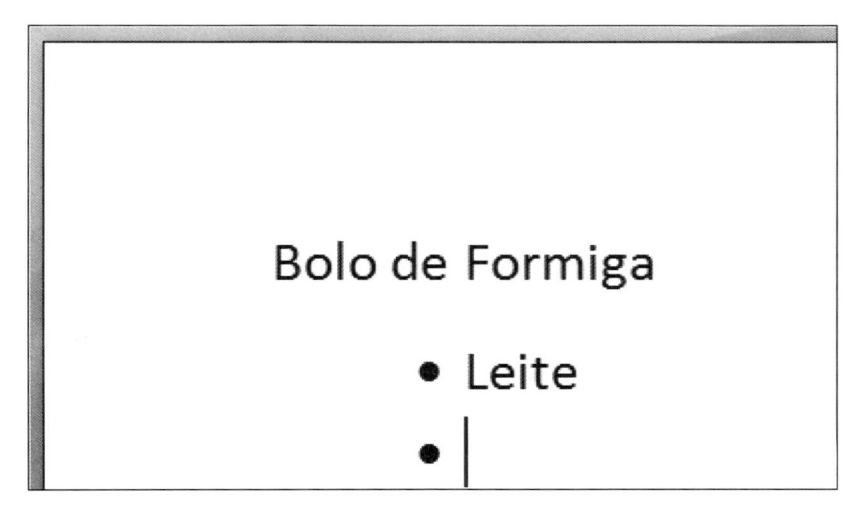

Figura 3.61

⊃ Configurando Marcadores

Podemos alterar o desenho mostrado no marcador ou o tipo de seqüência da numeração. Siga os passos:

Primeiro Passo

 Selecione a lista na qual deseja personalizar o marcador ou a numeração.

Bolo de Formiga

- Leite
- Ovo

Figura 3.62

Segundo Passo

Clique na seta ao lado do botão **Marcadores** por que é o que estamos utilizando neste exemplo e clique na opção **Definir novo marcador**.

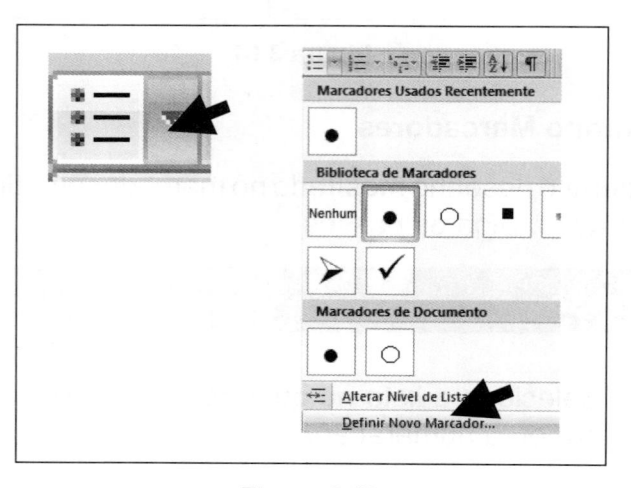

Figura 3.63

Terceiro Passo

Escolha nesta tela o que aplicar na alteração do marcador: se será um símbolo, uma imagem, alinhamento ou alteração da fonte.

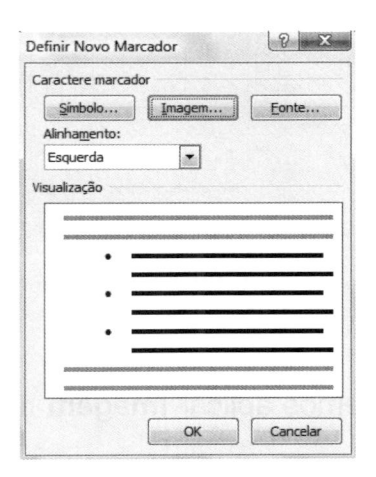

Figura 3.64

⊃ Fonte

Podemos escolher as formatações como cor, tipo da fonte, tamanho e outras alterações.

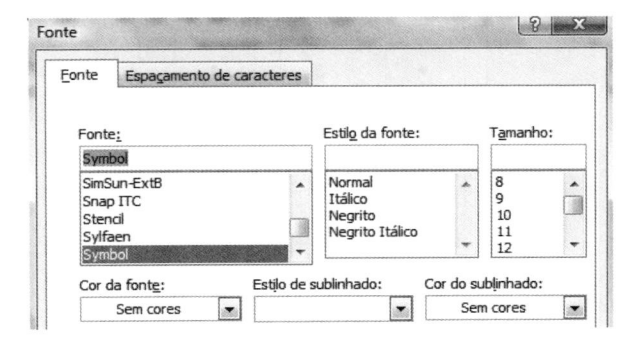

Figura 3.65

➲ Marcador

Nesta janela, escolhemos um tipo de caractere (símbolo) para ser aplicado a lista com marcadores.

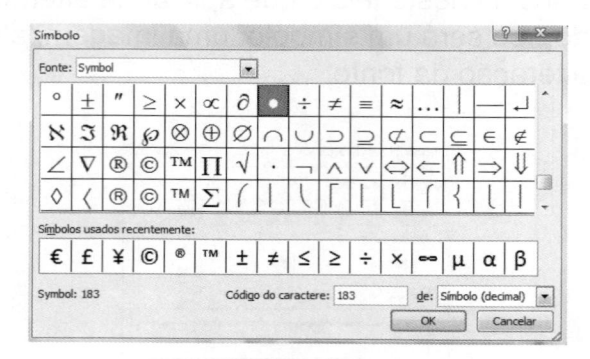

Figura 3.66

➲ Imagem

Com essa opção podemos aplicar **Imagem** na alteração dos marcadores.

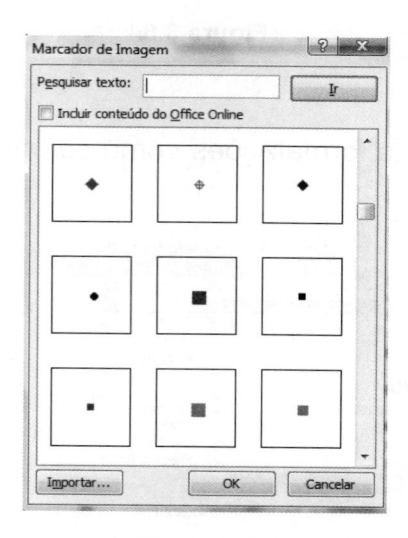

Figura 3.67

Pronto!!! Agora podemos inserir uma lista com numeradores ou marcadores, seja uma lista de uma receita, de produtos a serem comprados ou qualquer outra coisa em que possa utilizar este maravilhoso recurso.

Inserindo Símbolos

Todas as vezes que desejar inserir no seu trabalho caracteres que não existam no teclado, utilize os símbolos.

Para colocar um símbolo, siga os passos:

Primeiro Passo

Clique no lugar em que deseja inserir o símbolo.

Segundo Passo

Na guia **Inserir**, clique no botão símbolo e na opção **Mais Símbolos**.

Figura 3.68

Terceiro Passo

Clique no símbolo que deseja e no botão **Inserir**.

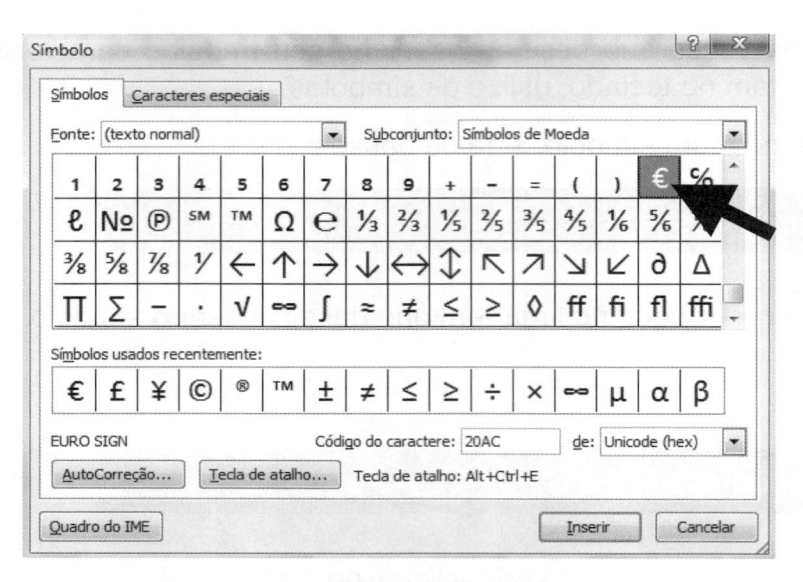

Figura 3.69

Importante

Podemos modificar o tipo de fonte, visualizando outros conjuntos de símbolos.

Formatação de Texto

Formatação de texto nada mais é do que alterar as suas característi-cas, como tamanho da letra, cor, tipo de fonte e outras alterações que são meramente estéticas.

Veremos agora as formatações mais avançadas.

Primeiro Passo

Selecione a palavra ou texto em que deseja aplicar for-matações.

Segundo Passo

Clique na guia **Início** e clique no botão responsável pela abertura da caixa de diálogo Fonte, como mostra a imagem abaixo.

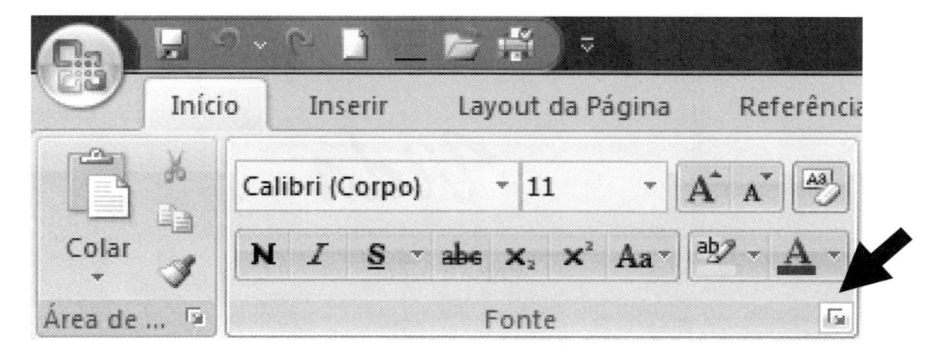

Figura 3.70

Opções desta Janela:

➜ Fonte

Esta opção permite que se altere o tipo de fonte do texto, modificando assim a sua forma estética, deixando-o mais atraente de acordo com a necessidade e gosto do usuário.

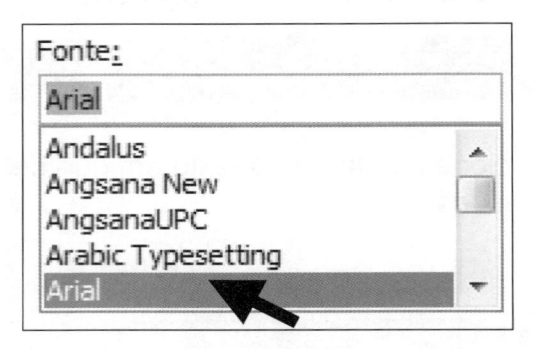

Figura 3.71

Exemplo de fonte diferente:

Figura 3.72

➜ Visualização da fonte selecionada

Esta opção mostra uma visualização de como ficará o texto com esta fonte escolhida ou apresenta outras alterações feitas nesta janela, facilitando a sua escolha.

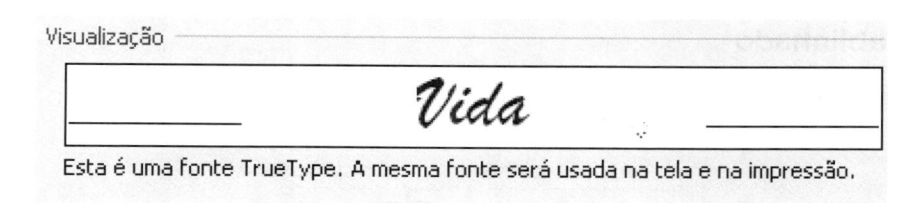

Esta é uma fonte TrueType. A mesma fonte será usada na tela e na impressão.

Figura 3.73

➲ Estilo da fonte

Podem ser aplicados vários estilos no texto: Negrito, *Itálico*, **Negrito Itálico**.

Figura 3.74

➲ Tamanho

Escolha ou digite nesta opção o tamanho da fonte.

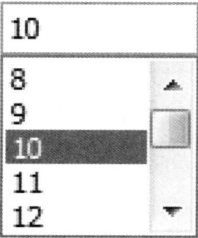

Figura 3.75

⊃ Sublinhado

Nesta opção, escolha um estilo de sublinhado para ser aplicado ao texto.

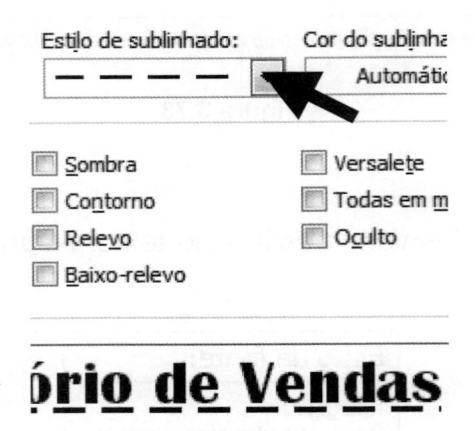

Figura 3.76

⊃ Cor

A cor do texto pode ser trocada utilizando esta opção.

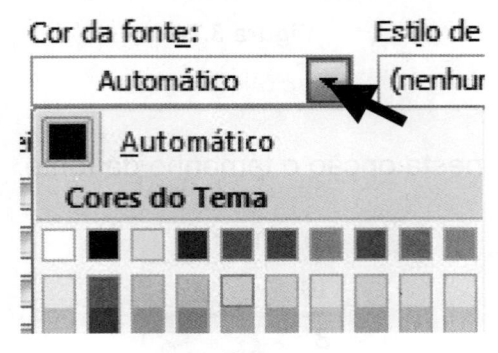

Figura 3.77

⊃ Efeitos

Nesta opção podem ser aplicados efeitos variados ao texto. Veja o nome dos efeitos junto com o seu exemplo:

Nome do Efeito	Exemplo
Tachado	~~Violência~~
Tachado Duplo	~~Violência~~
Sobrescrito	$4^2=$
Subscrito	H_2O
Sombra	**Sombra**
Contorno	Contorno
Relevo	Relevo
Baixo Relevo	Baixo Relevo
Versalete	CAIXA ALTA
Todas Maiúsculas	TODAS MAIÚSCULAS
Oculto	

> **OBS.:** Os Efeitos **Subscrito** e **Sobrescrito** podem ser adiciona-dos diretamente através de seus respectivos botões situados na guia **Início**.

Figura 3.78

Tabulação

Este recurso permite que se desloque o texto sem a necessidade de pressionar várias vezes a barra de espaço no teclado.

Começaremos usando o padrão preestabelecido pelo Word.

➲ Tabulando pelo teclado

Primeiro Passo

Digite a palavra que deseja. No nosso exemplo será "Nome".

Nome

Segundo Passo

Digite a tecla **TAB** no teclado quantas vezes achar necessário e digite a outra palavra, que no nosso exemplo será "Gustavo".

Nome   Gustavo

Figura 3.79

DICA:  Utilizando a marca de tabulação, teclamos TAB apenas uma vez e o posicionamento para escrever a segunda palavra já estará de acordo com o que determinamos.

➲ Marca de Tabulação

Podemos definir uma marca de tabulação com o espaçamento desejado através da régua, facilitando este processo onde apenas será escrita uma palavra, digitada a tecla TAB e escrita a outra.

Primeiro Passo

Para inserir uma marca de tabulação, basta clicar com o mouse sobre o espaçamento que deseja na régua.

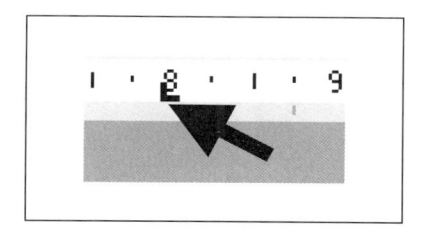

Figura 3.80

Segundo Passo

Digite a primeira palavra e tecle TAB no teclado, podendo digitar a outra.

➲ Personalizando Marca e Preenchimento de Tabulação

A marca de tabulação pode ser alterada colocando-se um número específico para sua parada, além de alteração do seu preenchimento.

Primeiro Passo

Clique na caixa de diálogo **Parágrafo**.

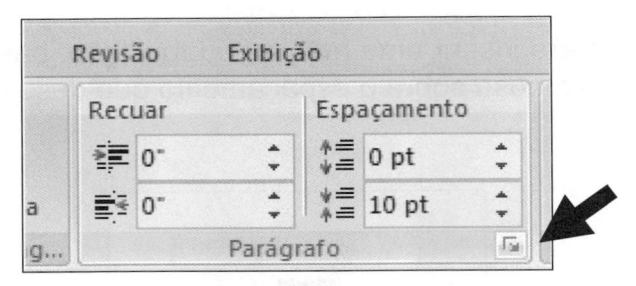

Figura 3.81

Segundo Passo

Com a janela aberta, clique opção "Tabulação" e faça na as alterações desejadas.

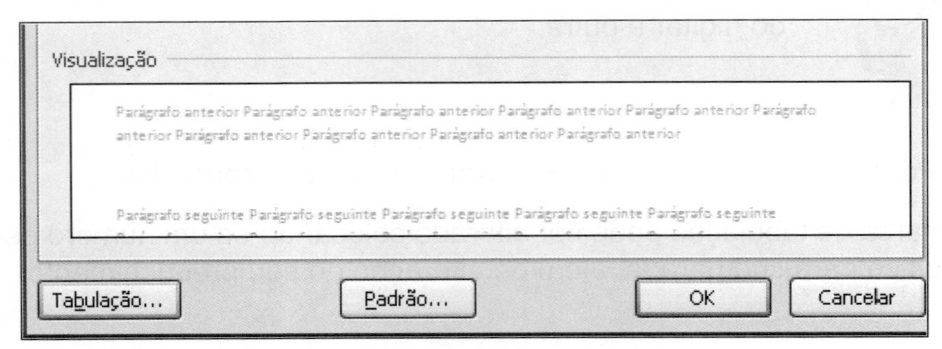

Figura 3.82

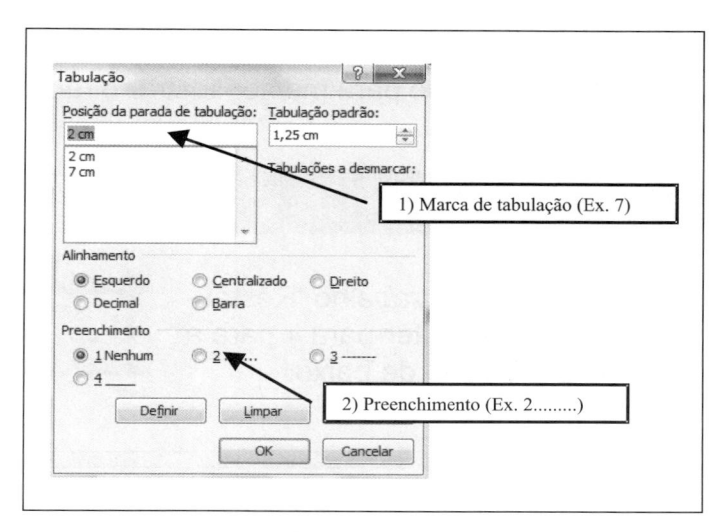

Figura 3.83

Terceiro Passo

Após selecionar essas opções, clique no botão **OK**.

Nosso exemplo deve ser parecido com a linha abaixo.

Nome..Gustavo

Importante

Para retirar a marca de tabulação, clique sobre a marca de tabulação na régua, deixando o botão esquerdo do mouse pressionado, e arraste para baixo.

⊃ Criando um cardápio

Iremos criar agora um cardápio para melhor ilustrar o recurso **Tabulação**. Siga os passos:

Primeiro Passo

 Digite o título do trabalho "Restaurante" e tecle **Enter** para ir para a linha (parágrafo) de baixo.

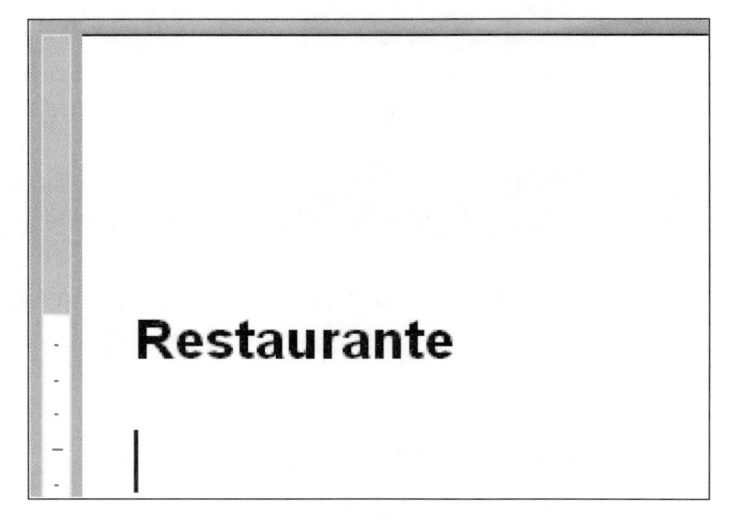

Figura 3.84

Segundo Passo

 Clique na caixa de diálogo **Parágrafo**.

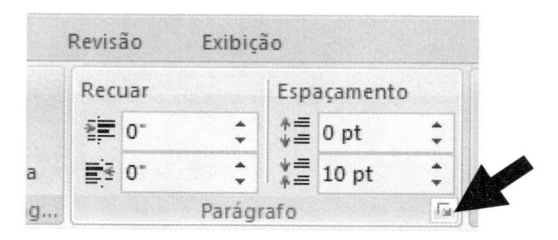

Figura 3.85

Terceiro Passo

Com a janela aberta, clique na opção "Tabulação" e faça as alterações desejadas.

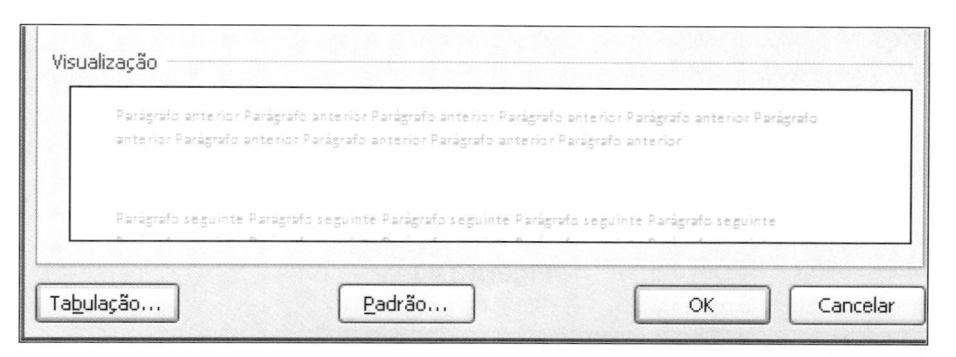

Figura 3.86

Quarto Passo

Digite o número 5 na posição de parada, mas poderia ser qualquer outro.

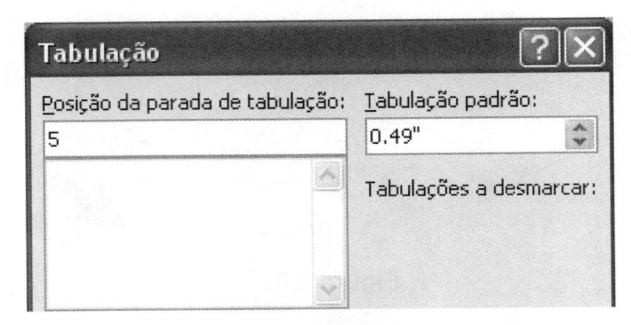

Figura 3.87

Quinto Passo

Marque o preenchimento número 2, que é o referente ao pontilhado, como mostra a próxima ilustração e clique em "OK" para finalizar.

Figura 3.88

Sexto Passo

Digite o primeiro produto, que será "Peixe", e tecle **TAB** no teclado para digitar o preço.

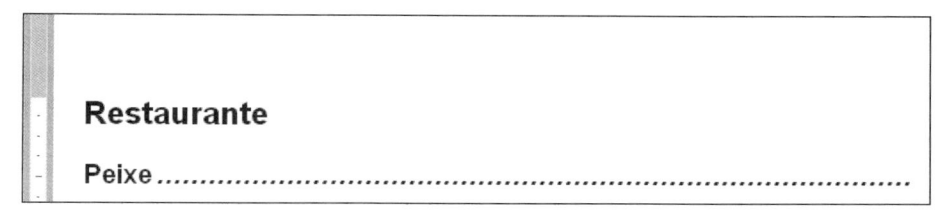

Restaurante

Peixe...

Figura 3.89

Sétimo Passo

Digite o preço do peixe como mostra a ilustração a seguir e tecle **Enter** para digitar o novo produto, repetindo o procedimento já feito de teclar o **TAB** até o último produto.

Restaurante

Peixe.. *R$ 50,00*

Figura 3.90

Nosso cardápio deve estar assim no final do trabalho.

Restaurante

Peixe.. *R$ 50,00*

Massa... *R$ 25,00*

Pizza .... *R$ 12,99*

Refrigerante.. *R$ 3,50*

Picanha na pedra .... *R$ 45,00*

Pronto!!! Criamos o cardápio utilizando a tabulação. Podemos observar que só foi preciso fazer as determinações para o primeiro produto e teclar **ENTER** para escrever o próximo produto e pressionar TAB no teclado que, automaticamente, a marca de tabulação foi criada para este novo produto.

Tabela

Este é um recurso muito utilizado, pois com tabelas organizamos nossas informações de maneira clara e objetiva. Para melhor entendimento, utilizaremos a tabela abaixo como exemplo:

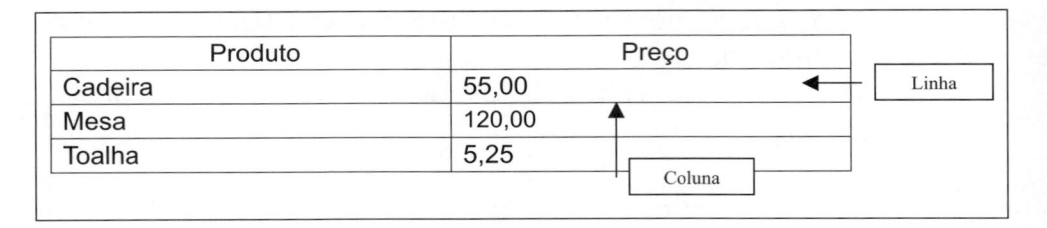

Produto	Preço	
Cadeira	55,00	◄ Linha
Mesa	120,00	
Toalha	5,25	Coluna

Inserindo uma tabela

Primeira Maneira

Primeiro Passo

Clique na guia **Inserir** e clique na opção **Tabela**.

Segundo Passo

Selecione quantas linhas (ex.: 4) e quantas colunas (ex.: 2) deseja para sua tabela.

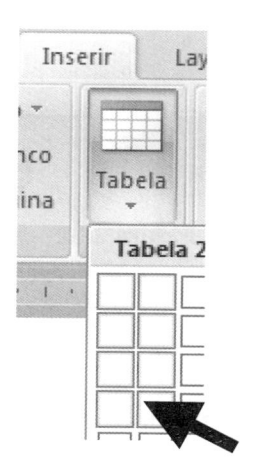

Figura 3.91

Segunda Maneira

Primeiro Passo

Estando na guia **Inserir** clique na opção Tabela e depois em **Inserir Tabela**.

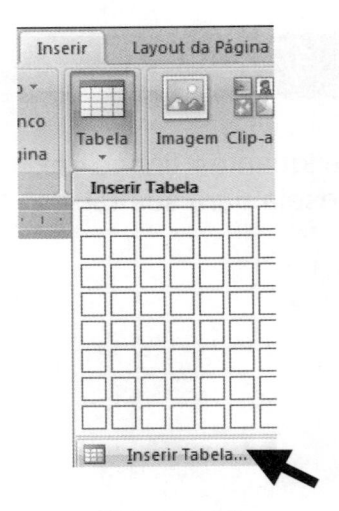

Figura 3.92

Segundo Passo

 Informe quantas linhas (ex.: 4) e quantas colunas (ex.: 2) deseja para sua tabela e clique em **OK**.

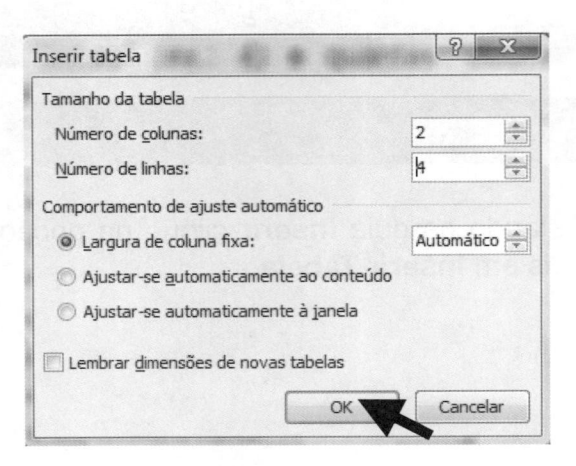

Figura 3.93

Agora que já criamos a tabela, podemos inserir os dados.

Primeiro Passo

Clique dentro da primeira célula e digite a informação que deseja (ex.: Produto).

Segundo Passo

Para digitar a segunda informação, passe para a próxima célula, que pode ser a célula da direita ou a célula abaixo da primeira.

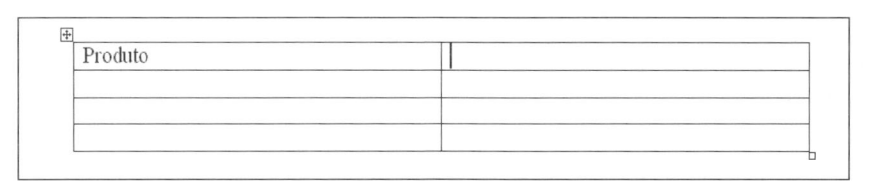

Figura 3.94

Movimentando-se entre Células

Primeira Maneira

Clique com o cursor do mouse na célula desejada.

Segunda Maneira

Pressione a tecla **TAB**.

Terceira Maneira

Pressione uma das setas direcionadoras do teclado e posicione o ponto de inserção na célula que deseja digitar.

Selecionando

Podemos selecionar a tabela para aplicar as formatações e outras funções que aprendemos anteriormente.

➲ Coluna

Para selecionar uma coluna, clique sobre ela, como mostra a ilustração.

Produto	Preço
Cadeira	55,00
Mesa	120,00
Toalha	5,25

Figura 3.95

➲ Linha

Para selecionar uma linha inteira, clique no início dela, como mostra a ilustração.

Produto	Preço
Cadeira	55,00
Mesa	120,00
Toalha	5,25

Figura 3.96

➲ Tabela Inteira

Para selecionar uma tabela inteira, clique na parte superior esquerda da tabela, como mostra a ilustração.

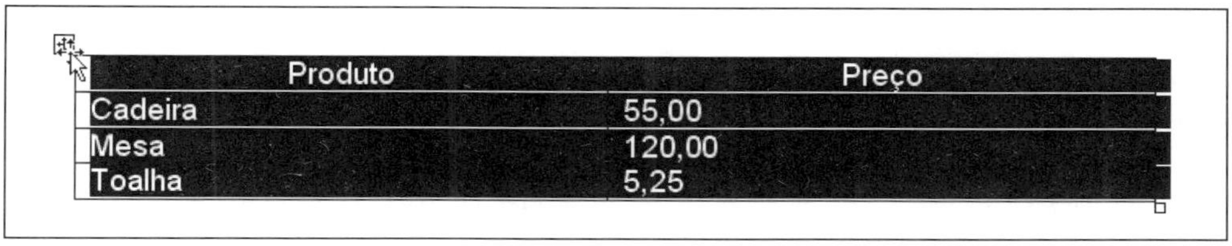

Produto	Preço
Cadeira	55,00
Mesa	120,00
Toalha	5,25

Figura 3.97

Importante

Selecionando algum item da tabela, podemos utilizar formatações (cor, tamanho da fonte, alinhamentos, tipo da fonte...) para dar uma maior beleza à sua tabela.

➲ Mesclar

Mesclar tem a função de unir células separadas transformando-as em uma só, gerando com isso grandes possibilidades da criação de diversos tipos de tabelas.

Utilizaremos o exemplo a seguir para maior entendimento.

Turismo			
Vôos Diurnos		**Vôos Noturnos**	
Local	Preço	Local	Preço
Salvador	452,00	Salvador	350,00
Natal	395,00	Natal	320,00
Curitiba	400,00	Curitiba	354,00

O primeiro passo é criar esta tabela utilizando um dos modos aprendidos. Será utilizado o segundo modo como exemplo, que é a criação de tabelas usando a guia Inserir/Tabela/Inserir Tabela.

Preencha as informações:

- Coluna: 4
- Linha: 6

Depois de criada a tabela, as células da primeira linha têm que ser unidas para digitar o título.

Primeiro Passo

 Selecione todas as células da primeira linha.

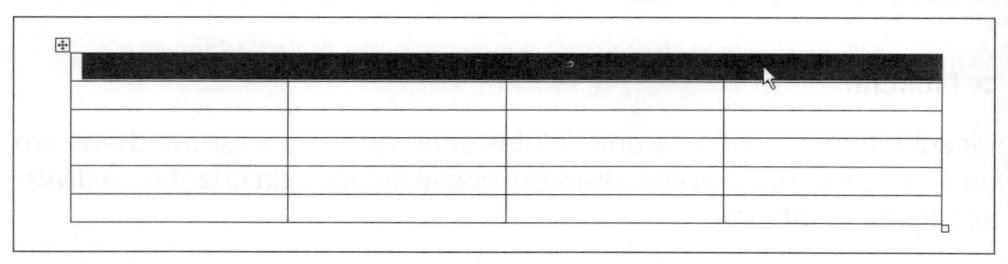

Figura 3.98

Segundo Passo

 Clique na guia **Layout** e clique na opção **Mesclar Células** no grupo Mesclar.

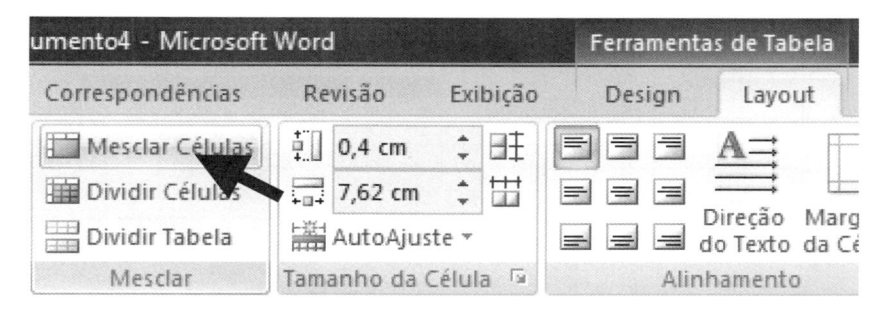

Figura 3.99

Terceiro Passo

Selecione as duas células que se unirão para escrever Vôos Diurnos. Clique na guia Layout e clique na opção **Mesclar Células** no grupo Mesclar.

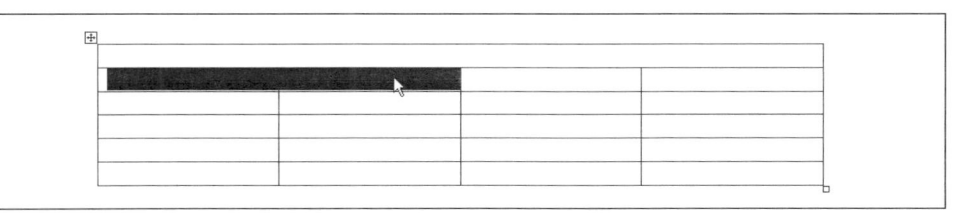

Figura 3.100

Quarto Passo

Selecione as duas células que se unirão para escrever Vôos Noturnos. Clique na guia Layout e clique na opção **Mesclar Células** no grupo Mesclar.

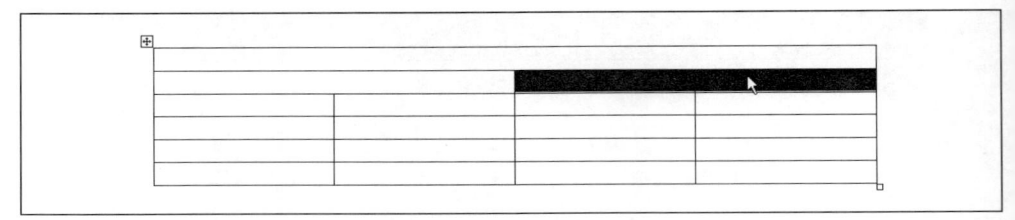

Figura 3.101

Agora que já mesclamos as células que deviam ser mescladas, podemos escrever os nossos conteúdos.

Turismo			
Vôos Diurnos		**Vôos Noturnos**	
Local	Preço	Local	Preço
Salvador	452,00	Salvador	350,00
Natal	395,00	Natal	320,00
Curitiba	400,00	Curitiba	354,00

Excluindo Células

Clique sobre a célula que deseja excluir e siga os passos:

Primeiro Passo

Clique na guia **Layout** e clique na opção **Excluir**.

Segundo Passo

 Clique na opção **Excluir Células**.

Figura 3.102

Aparecerá uma janela para definir o que acontecerá com as outras células após a exclusão da célula desejada.

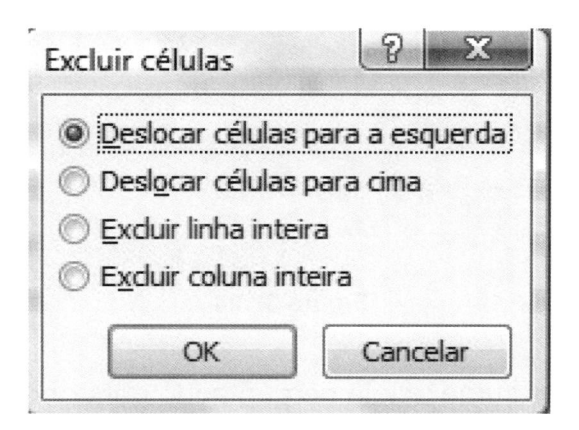

Figura 3.103

Inserindo Células

Podem ser inseridas células em uma tabela já pronta, adicionando assim itens que deseja. Para inserir uma célula, siga os passos:

Primeiro Passo

Clique sobre o local dentro da tabela onde deseja inserir uma nova célula.

Segundo Passo

Estando na guia Layout, clique na opção **Inserir Célula**, como mostra a imagem.

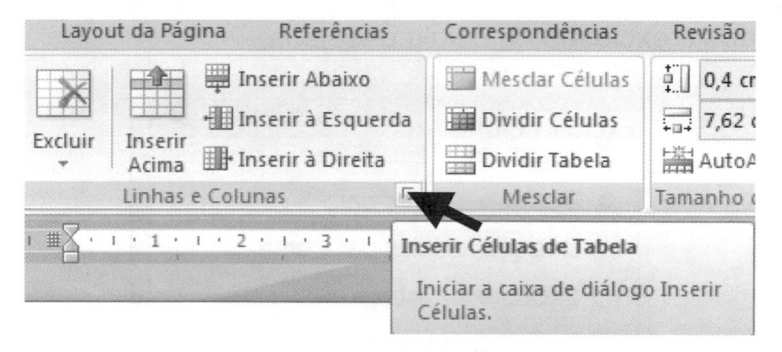

Figura 3.104

Obs.: Aparecerá uma janela perguntando para onde será deslocada a célula que clicou. Escolha uma opção e clique no botão **OK**.

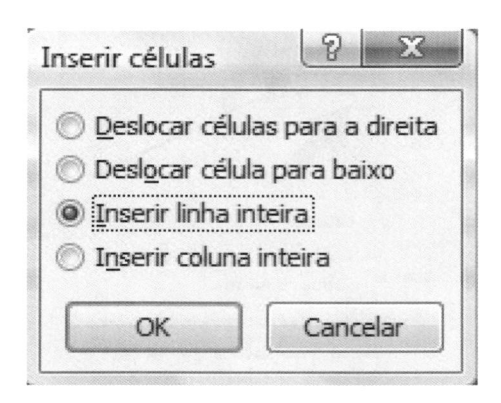

Figura 3.105

Utilizando Objetos e Figuras

Através do Word, podem ser colocados vários objetos e figuras em nosso documento para um maior retoque e brilho, atendendo assim as necessidades do usuário.

Listamos a seguir algumas funções relacionadas ao objeto ou à figura.

Inserindo Formas

Com a utilização das formas podemos animar o nosso documento e enriquecê-lo de detalhes. Para inserir **Formas** siga os passos.

Primeiro Passo

Para inserir formas, basta clicar na guia **Inserir** e clicar na opção **Formas,** como mostra a imagem.

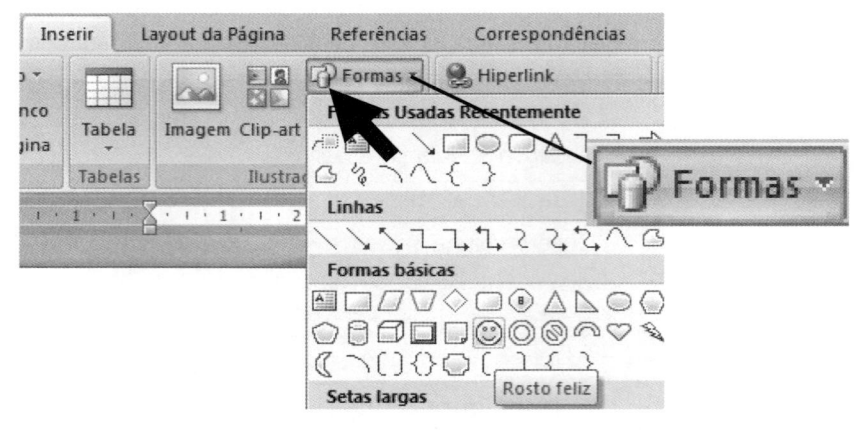

Figura 3.106

Segundo Passo

 Tendo escolhido a forma que deseja clicando sobre ela, clique agora na tela para inserir a forma no documento.

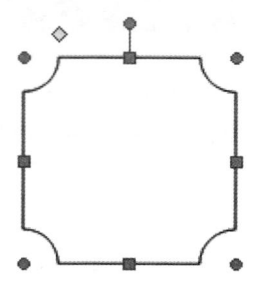

Figura 3.107

Aumentando ou Diminuindo

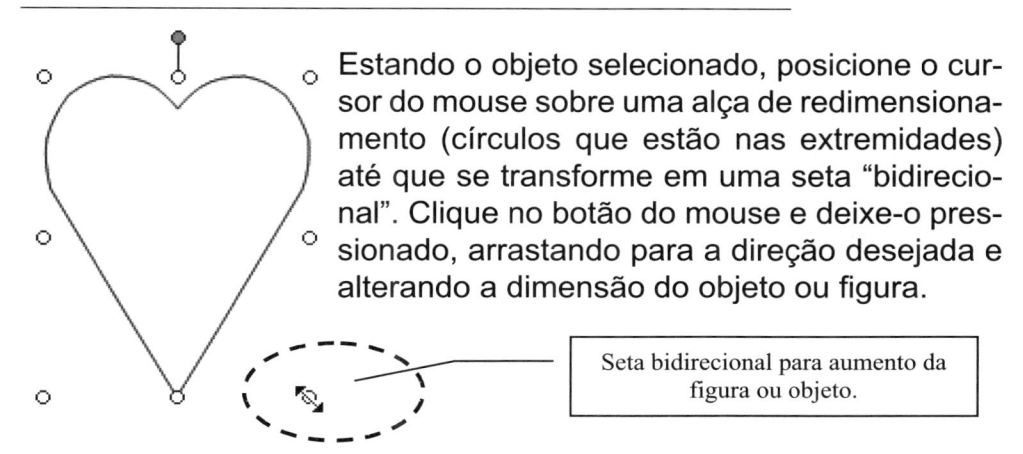

Estando o objeto selecionado, posicione o cursor do mouse sobre uma alça de redimensionamento (círculos que estão nas extremidades) até que se transforme em uma seta "bidirecional". Clique no botão do mouse e deixe-o pressionado, arrastando para a direção desejada e alterando a dimensão do objeto ou figura.

> Seta bidirecional para aumento da figura ou objeto.

Movendo

Para mover o objeto ou a figura, clique no centro do objeto ou da figura mantendo o botão esquerdo do mouse pressionado, arrastando para o local desejado.

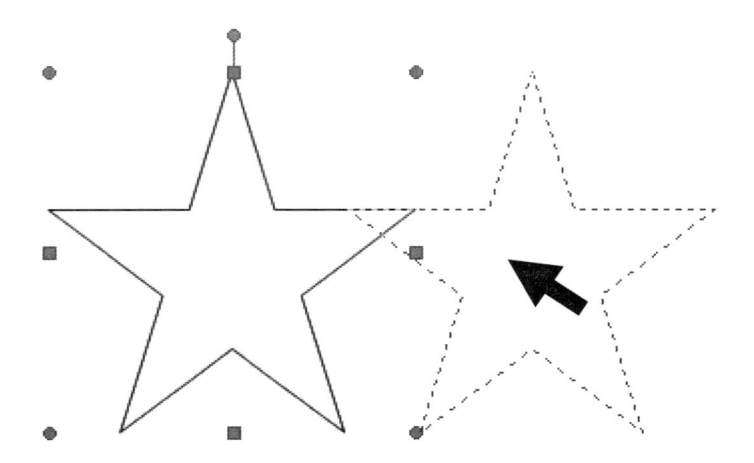

Figura 3.108

Girando

O objeto pode ser girado livremente para obter a posição desejada, através do botão Girar.

Estando o objeto selecionado, posicione o cursor do mouse sobre o **Girar**, que é da cor verde. Clique e deixe pressionado o botão do mouse e gire no sentido "horário" ou "anti-horário".

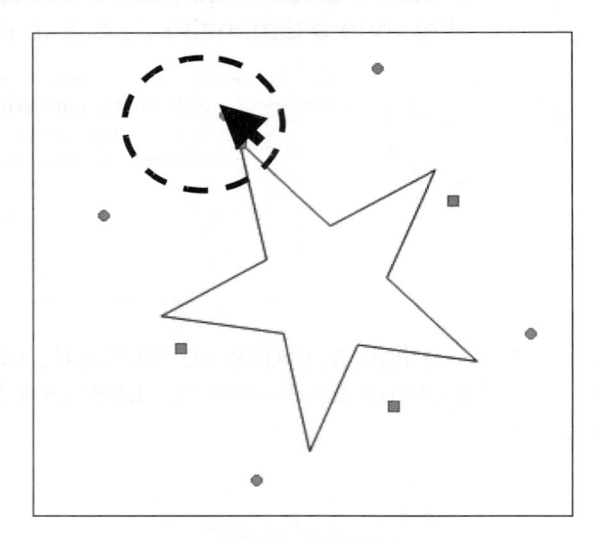

Figura 3.109

Trocando as Cores

Podemos modificar as cores do nosso objeto de uma maneira simples, dando uma beleza extra.

Estando o objeto selecionado (quando clicamos nele), clique na guia **Formatar** e na opção **Cores** para escolher a cor que mais lhe agrada.

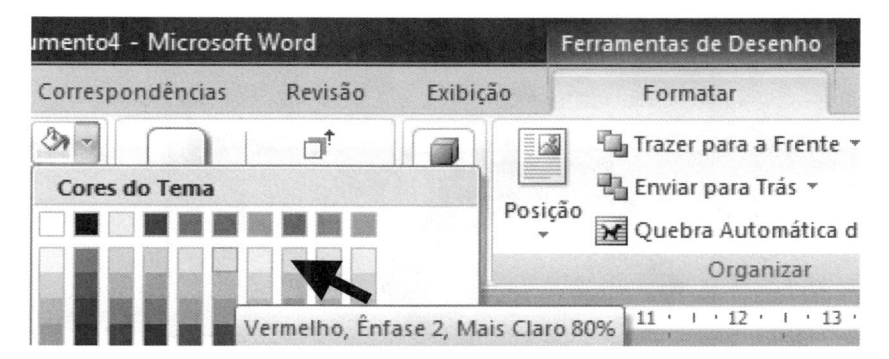

Figura 3.110

◯ Personalizando as Cores

Através da opção cor do preenchimento encontrada na guia **Formatar**, além de escolher as cores sugeridas podemos solicitar outras cores clicando na opção **Mais Cores de Preenchimento**, como no exemplo a seguir.

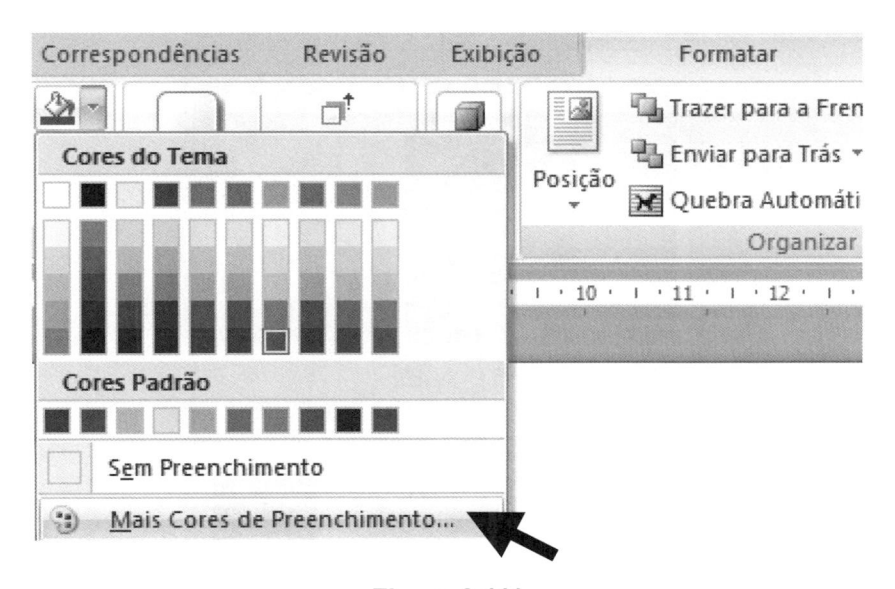

Figura 3.111

Utilizando a guia **Padrão**, teremos cores predefinidas.

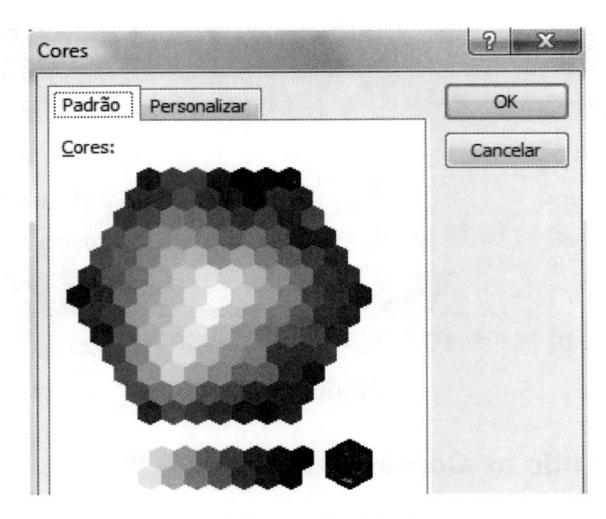

Figura 3.112

Utilizando a guia **Personalizar**, podemos personalizar uma cor.

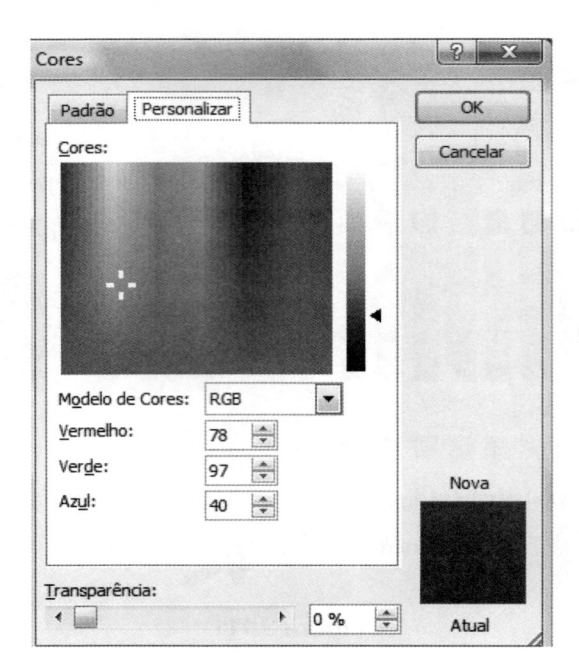

Figura 3.113

A guia personalizar possui as seguintes partes:

1ª Parte

Local onde escolhemos a cor que desejamos.

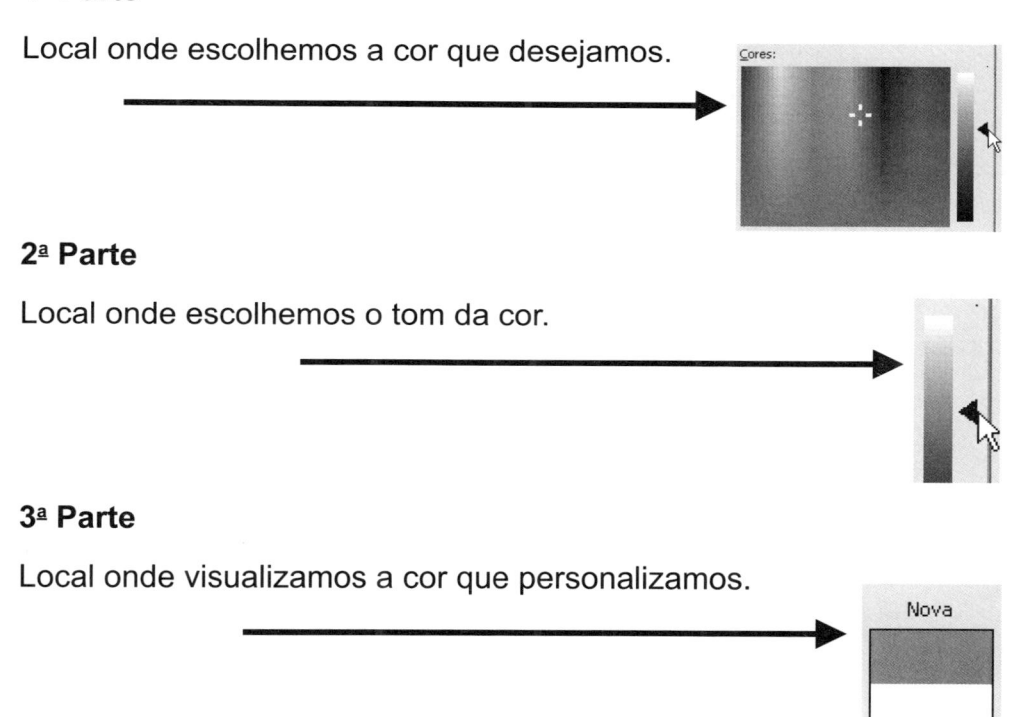

2ª Parte

Local onde escolhemos o tom da cor.

3ª Parte

Local onde visualizamos a cor que personalizamos.

➲ Textura

Através desta opção podem ser aplicados nas formas e objetos texturas, deixando-os bem interessantes.

Para aplicar esta opção clique na guia Formatar, depois clique na opção cor e aponte o mouse para **Textura**, onde poderá escolher a que mais lhe agrade.

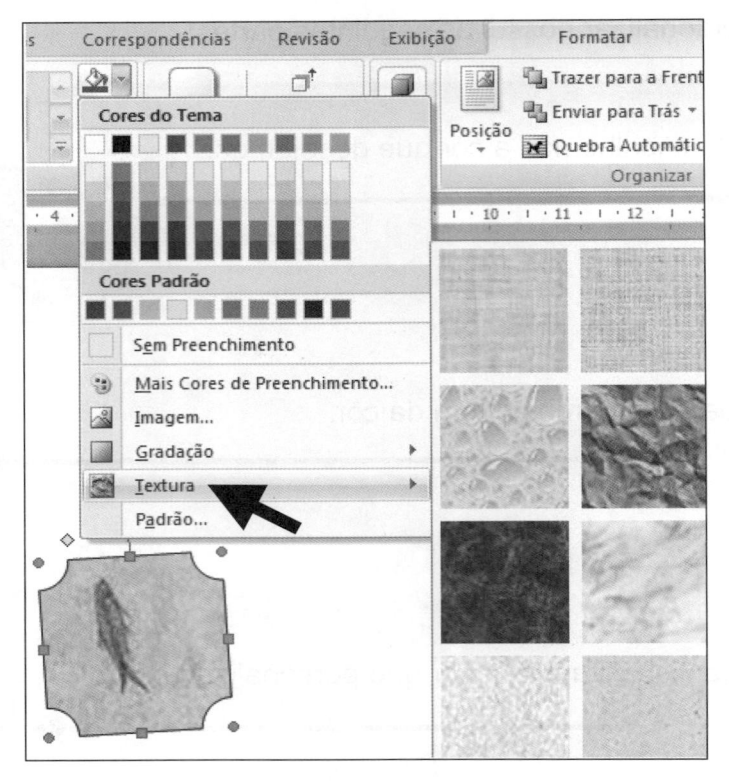

Figura 3.114

➲ Gradação

Este é um efeito que aplica um degradê nas cores a serem utilizadas pelo objeto ou forma.

Para utilizá-la, estando o objeto ou a forma selecionada, clique na guia Formatar, depois clique em **Cores** e depois na opção **Gradação**, onde poderá escolher a variação que deseja.

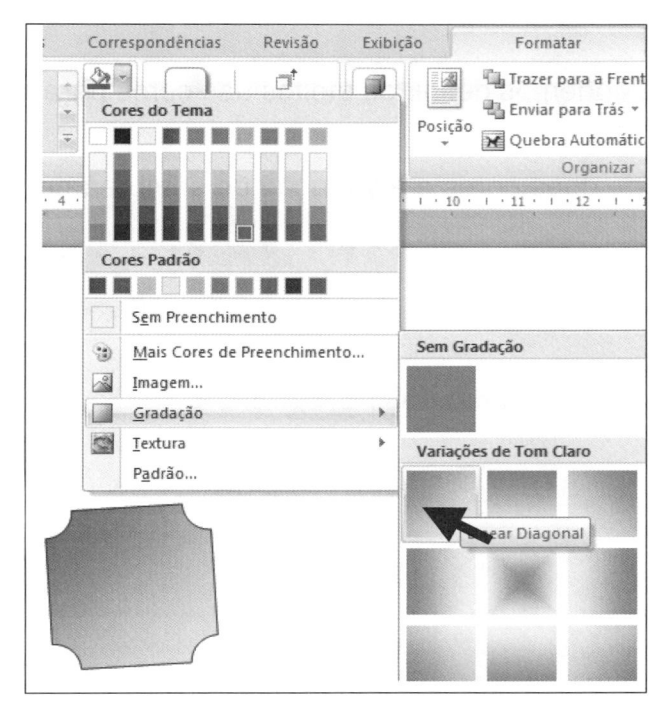

Figura 3.115

Para personalizar a gradação, clique na opção **Mais Gradações** dentro de Gradação, como mostra a ilustração.

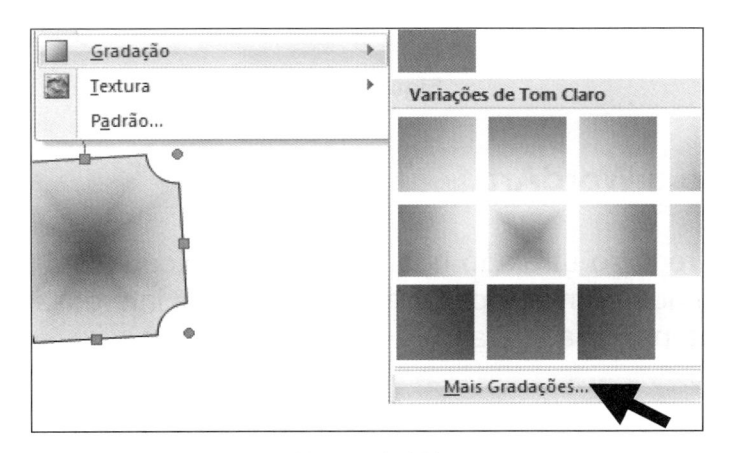

Figura 3.116

⊃ Gradiente

Nesta opção, podemos definir os efeitos das cores para serem aplicados na sua forma.

Ex.: escolha de duas cores e a variação de sombreamento.

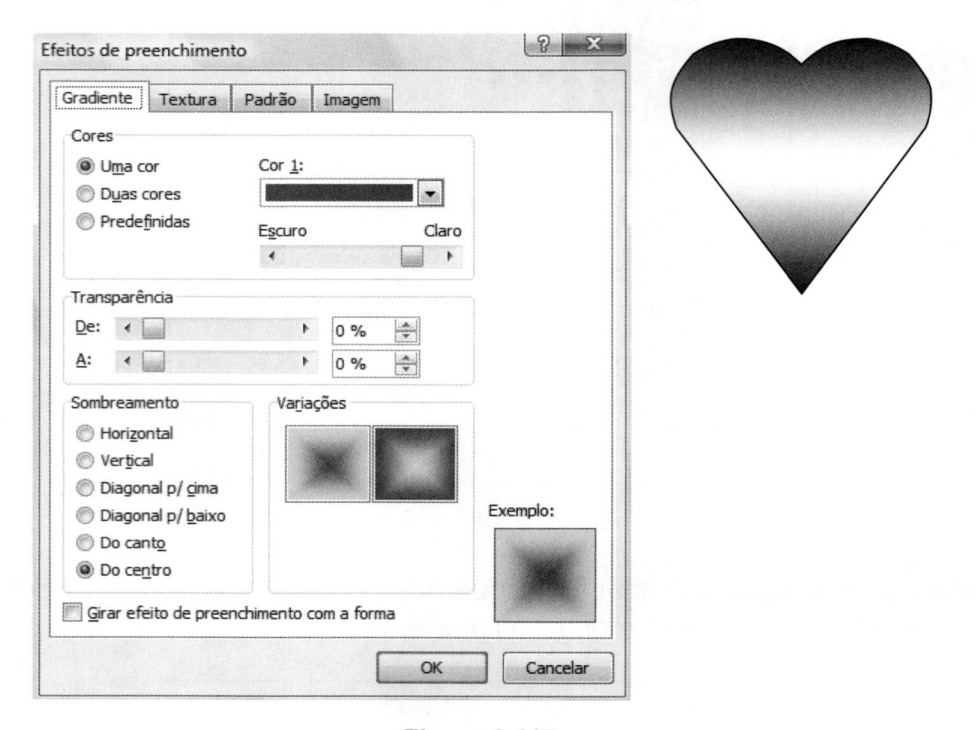

Figura 3.117

Utilizando o WordArt

Este é um recurso utilizado nos aplicativos Office (Word, Excel, PowerPoint...) que permite aplicar efeitos de letras interessantes, como mostrado na próxima figura.

Figura 3.118

Para inserir um objeto WordArt, siga os passos:

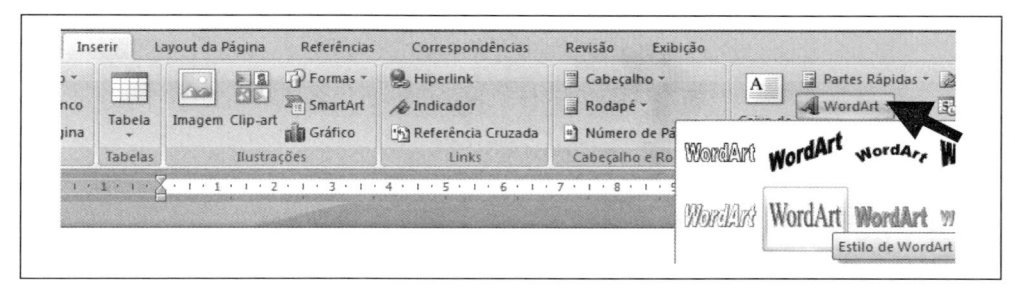

Figura 3.119

Primeiro Passo

 Clique na guia **Inserir**.

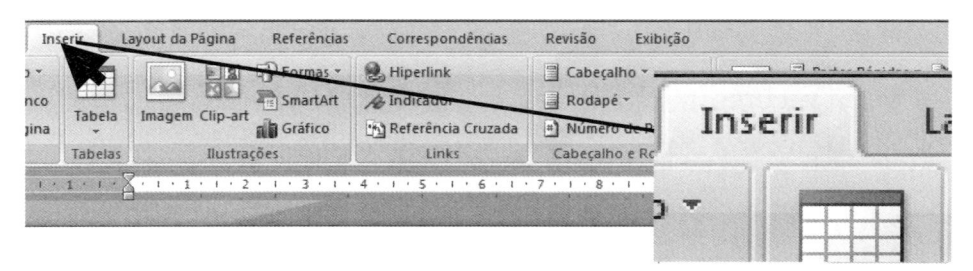

Figura 3.120

Segundo Passo

Clique na opção **WordArt**.

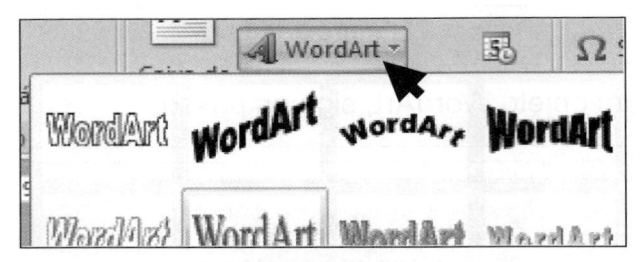

Figura 3.121

Terceiro Passo

Clique na opção de WordArt que mais lhe agrade.

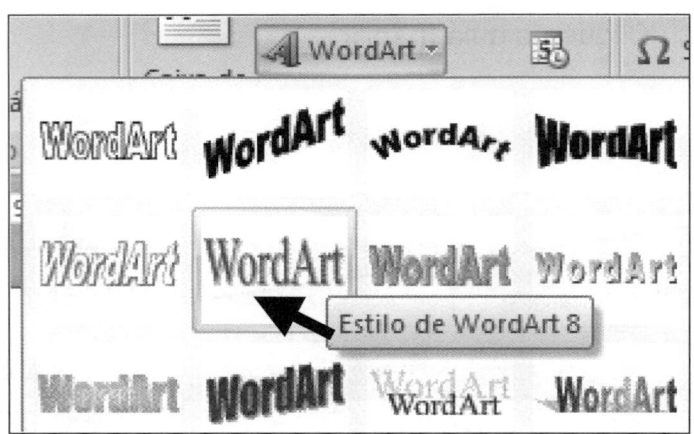

Figura 3.122

Depois de escolhido o estilo, digite o texto, como no exemplo a seguir, onde podem ser utilizadas formatações como: fonte, tamanho, negrito e itálico.

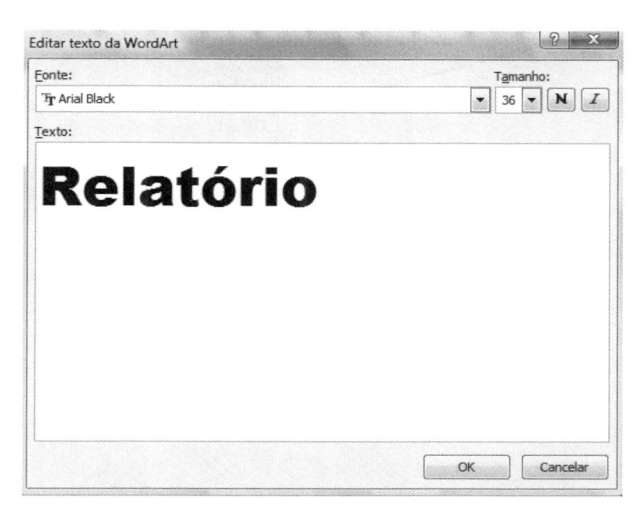

Figura 3.123

Quando um objeto de WordArt é selecionado, aparecerá a barra de ferramentas WordArt. Com ela, faremos as alterações necessárias como: cor, texto, rotação...

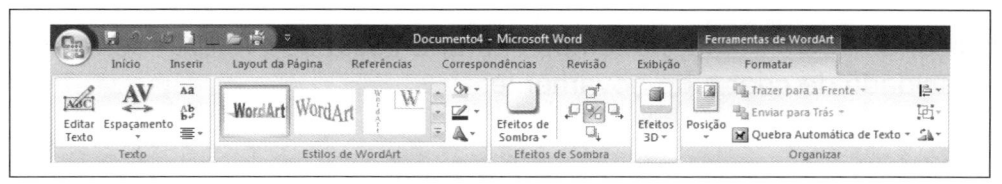

Figura 3.124

Conhecendo mais a Barra de WordArt

➔ Editar texto

Esta opção serve para alterar o texto escrito.

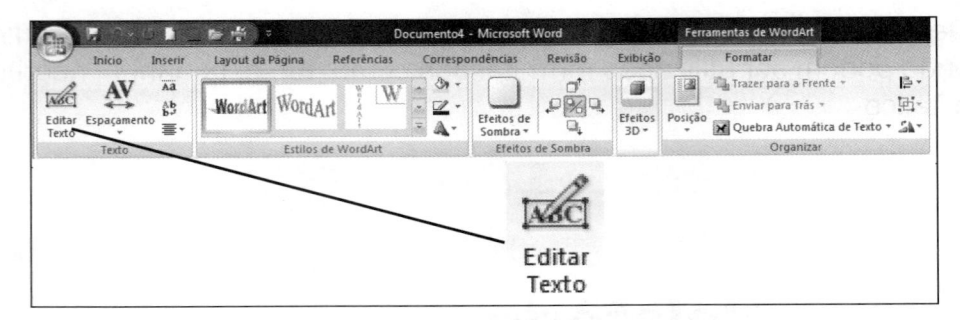

Figura 3.125

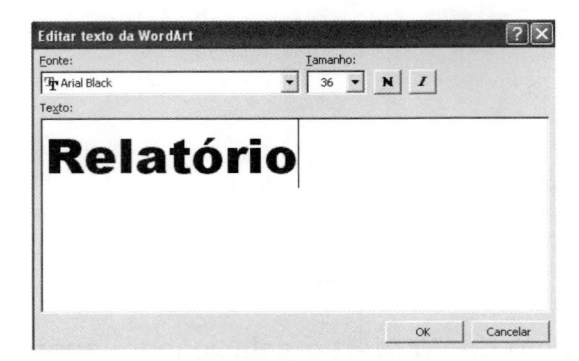

Figura 3.126

⊃ Modificar o Estilo

Clicando neste botão, podemos alterar o estilo do WordArt sem a necessidade de criar tudo novamente.

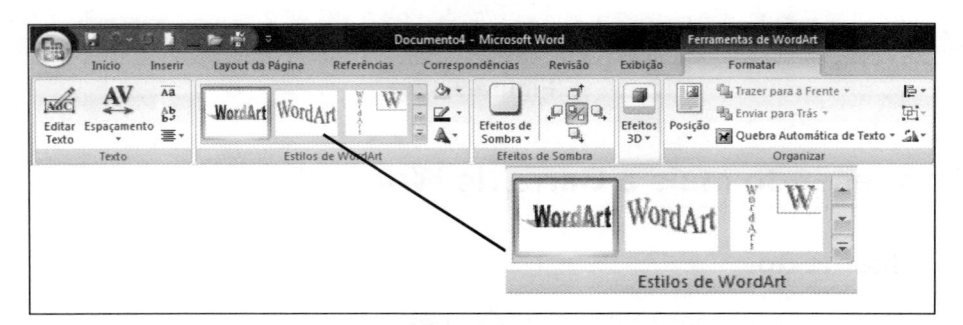

Figura 3.127

➲ Formatação

Neste botão, podemos alterar as formatações (cores, texturas, gradação...), como vimos anteriormente.

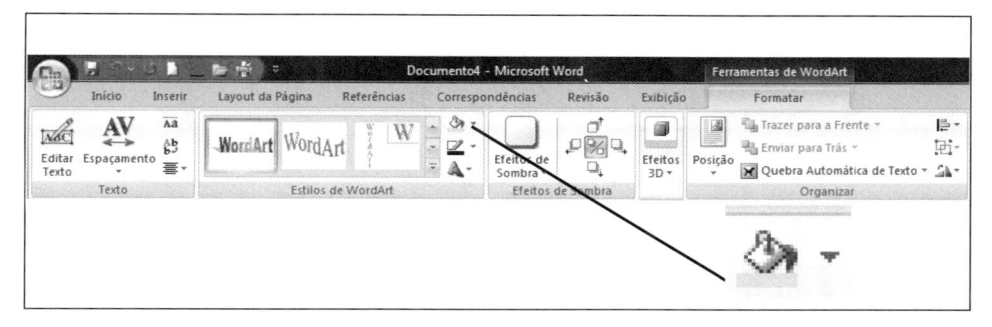

Figura 3.128

Forma

Através deste botão pode ser alterada a forma que será aplicada no WordArt.

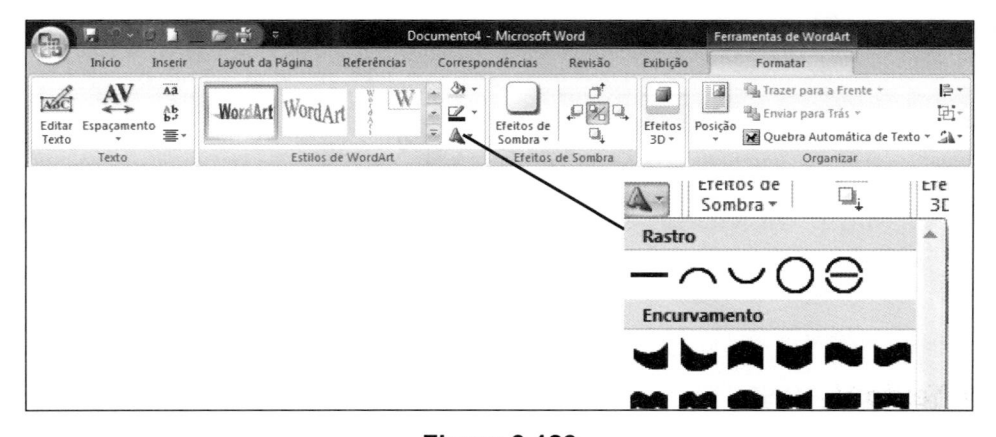

Figura 3.129

➲ Organizar

Com este botão podemos determinar qual será a disposição deste WordArt em relação ao texto.

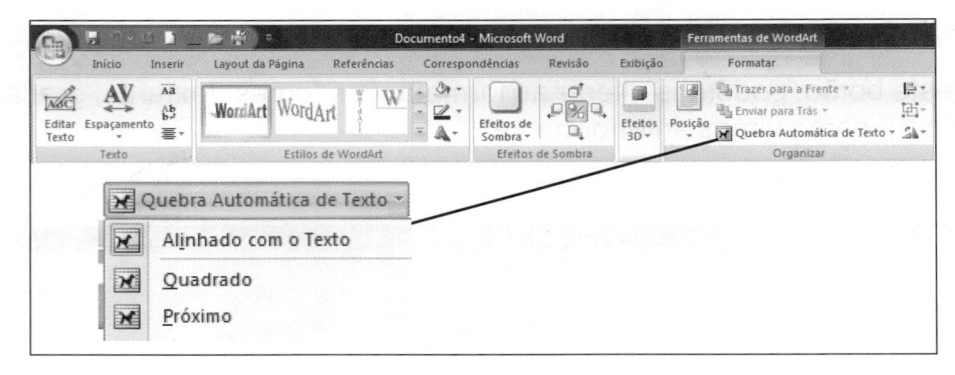

Figura 3.130

➲ Mesma Altura

Este botão alinha na mesma altura tanto as letras minúsculas quanto as maiúsculas.

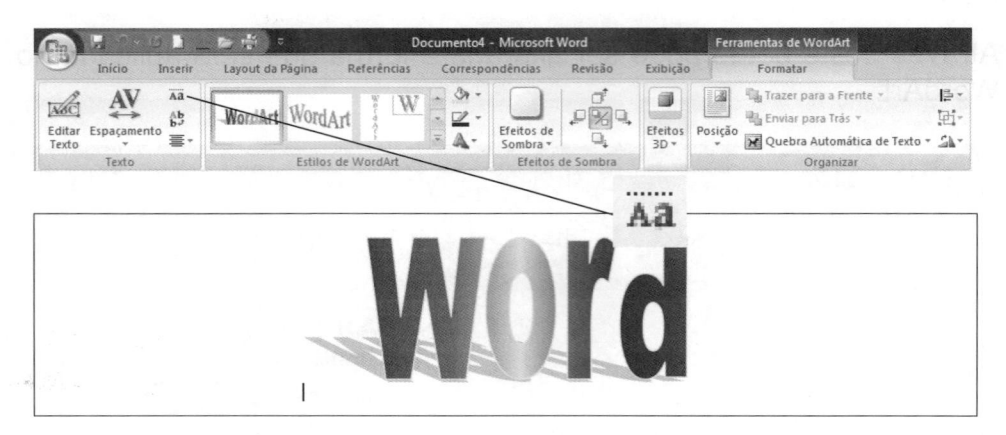

Figura 3.131

➲ Texto Vertical

Como o próprio nome diz, esta opção coloca o texto na vertical.

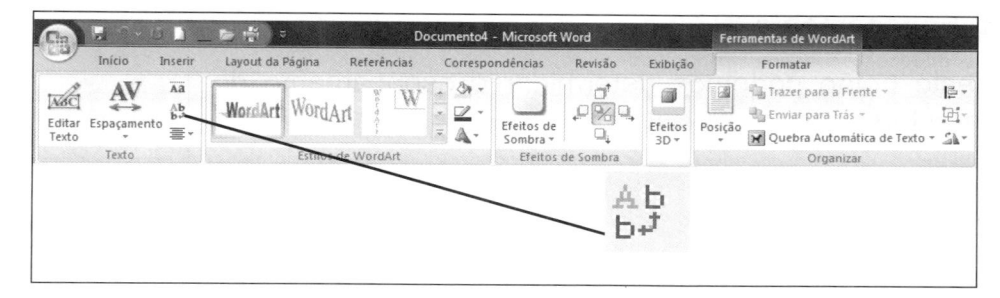

Figura 3.132

● Alinhamento

Nesta opção podemos determinar o alinhamento do WordArt.

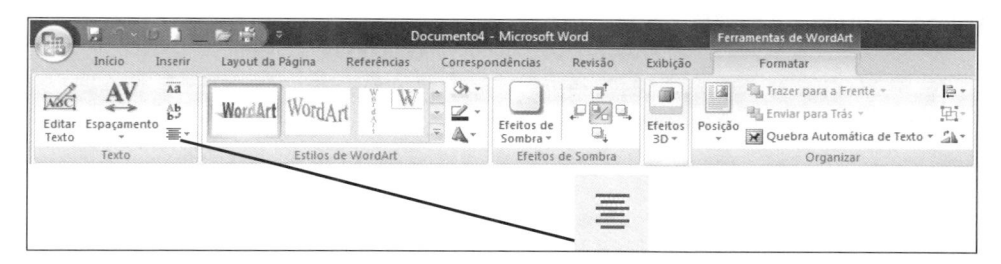

Figura 3.133

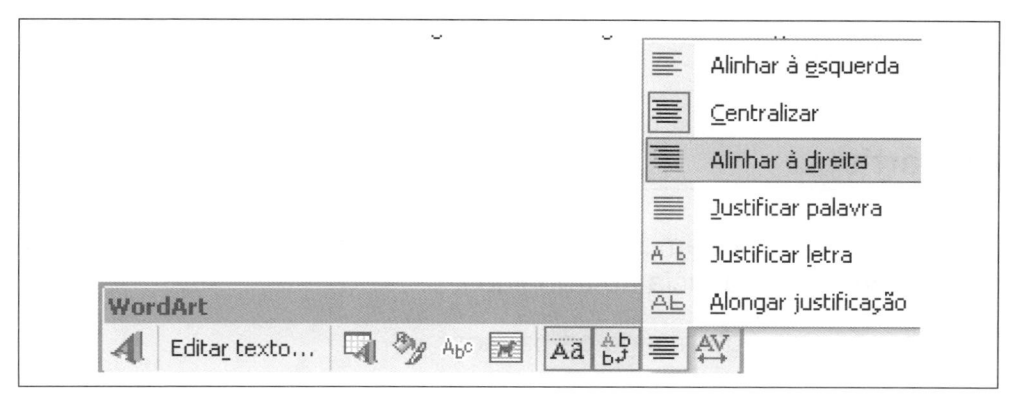

Figura 3.134

⊃ Espaçamento

Neste botão podemos determinar o espaçamento de caracteres.

⊃ Efeito de Sombra

Com esta opção é aplicado diversos tipos de sombras.

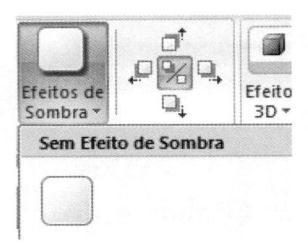

⊃ Efeito 3D

Aplica recurso em 3D no WordArt.

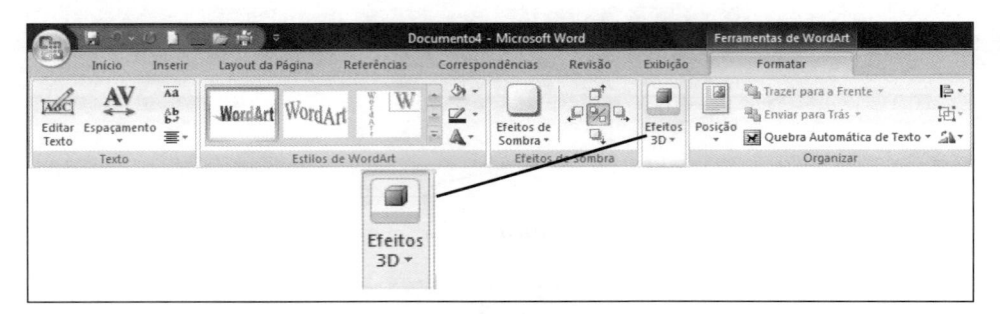

Figura 3.135

Clip-art's

São figuras que podem ser utilizadas no documento para dar uma maior beleza e elegância ao trabalho.

Para inserir uma figura, siga os passos:

Primeiro Passo

Clique na guia **Inserir**.

Segundo Passo

Clique na opção Clip-art, como mostra a imagem abaixo.

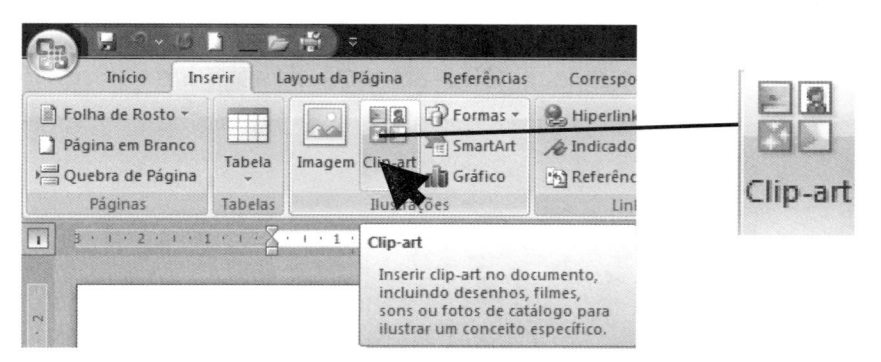

Figura 3.136

Terceiro Passo

Na opção **Pesquisar Texto**, digite o tipo de desenho que deseja. No nosso exemplo, "Cachorro".

Quarto Passo

Clique no botão **Pesquisar**.

Quinto Passo

Clique sobre o **Clip-art** que deseja inserir no documento.

Figura 3.137

Percebemos que o desenho irá separar o nosso texto (caso tenhamos algum na tela).

Teste teste teste teste Teste teste teste teste
Teste teste teste teste Teste teste teste teste

Teste teste teste teste Teste
teste teste teste
Teste teste teste teste Teste teste teste teste
Teste teste teste teste Teste teste teste teste
Teste teste teste teste Teste teste teste teste

Figura 3.138

Para fazer com que o desenho fique sobre um texto sem separá-lo, ou colocá-lo atrás do texto ou fazer outras alterações deste tipo, é preciso que seja alterado o layout deste desenho. Siga os seguintes passos:

Primeiro Passo

Clique sobre o desenho.

Segundo Passo

Clique na guia **Formatar** e escolha a opção **Em Frente ao Texto**.

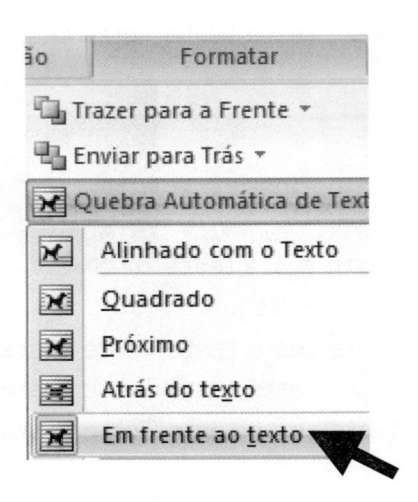

Figura 3.139

Pronto!! A imagem não quebra mais seu texto.

➲ Alterações da Imagem

Através da guia **Formatação** pode ser alterada várias coisas da imagem como: brilho, contraste, borda, posição e muitos outros.

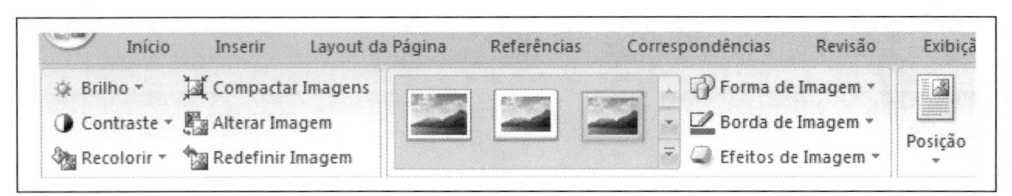

Figura 3.140

⊃ Redimensionando e Movendo Clip-arts

Os Clip-arts (desenhos) podem ser alterados no que se refere às suas dimensões através dos desenhos em cada canto do desenho selecionado, como já vimos em objetos.

Coloque o seu cursor do mouse sobre uma alça de redimensionamento até que se transforme em uma seta bidirecional. Clique no botão do mouse e deixe-o pressionado, arrastando para a direção desejada e alterando a dimensão do desenho.

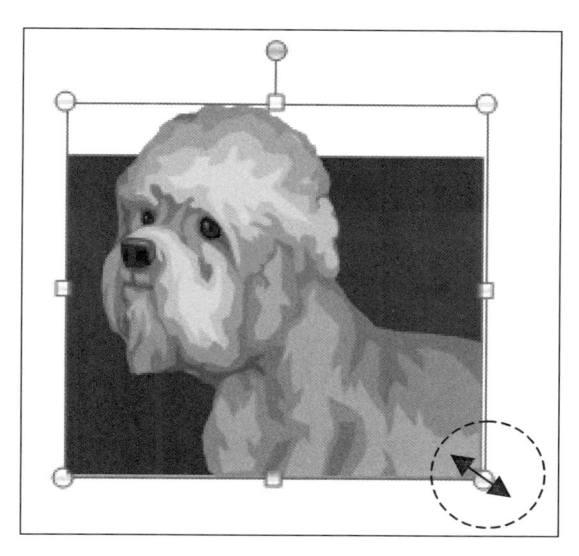

Figura 3.141

Para mover um Clip-art, basta clicar sobre ele, deixando o botão esquerdo do mouse pressionado, e arrastá-lo para o local desejado.

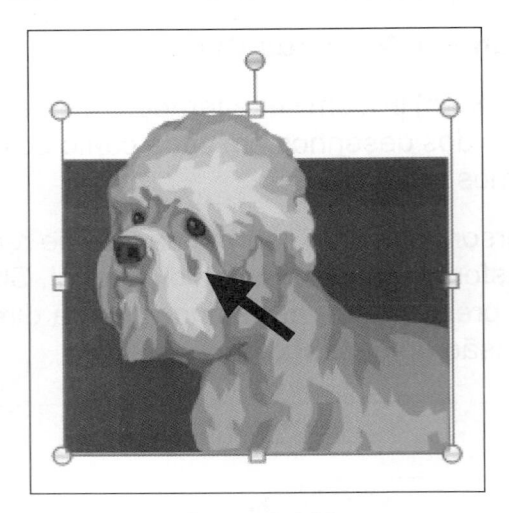

Figura 3.142

Utilizando Modelos

Podemos utilizar os modelos do Word para a criação de documentos como currículos, fax e outros de uma maneira mais fácil e profissional.

Para utilizar este recurso siga os passos:

Primeiro Passo

 Clique no botão do **Office** como mostra a próxima ilustração.

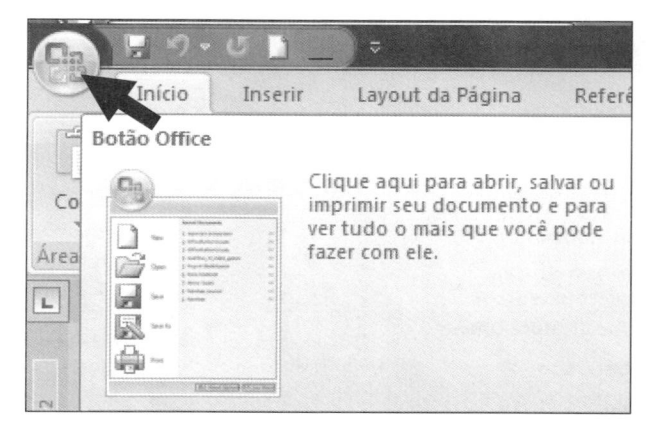

Figura 3.143

Segundo Passo

Clique na opção **Novo**.

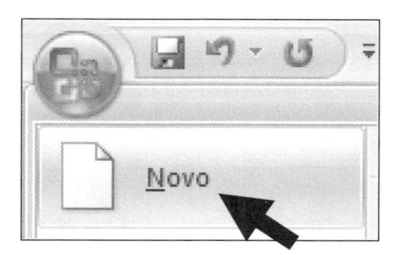

Figura 3.144

Terceiro Passo

Clique do lado esquerdo da tela, na opção **Modelos Instalados**.

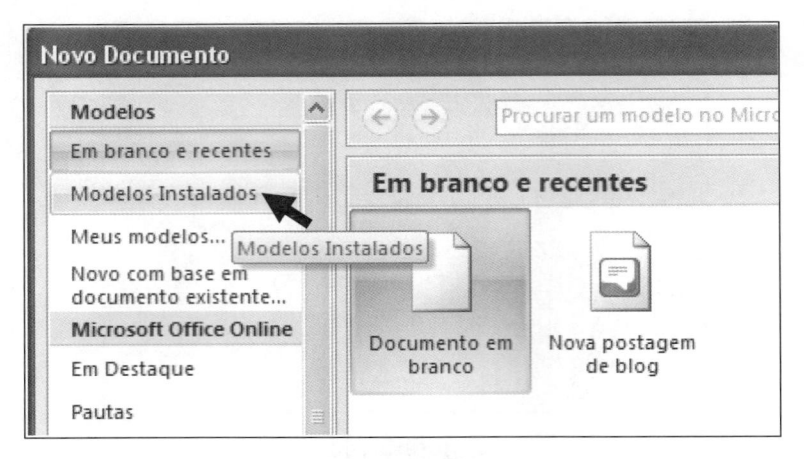

Figura 3.145

Quarto Passo

 Clique sobre o modelo que deseja do lado direito da tela.

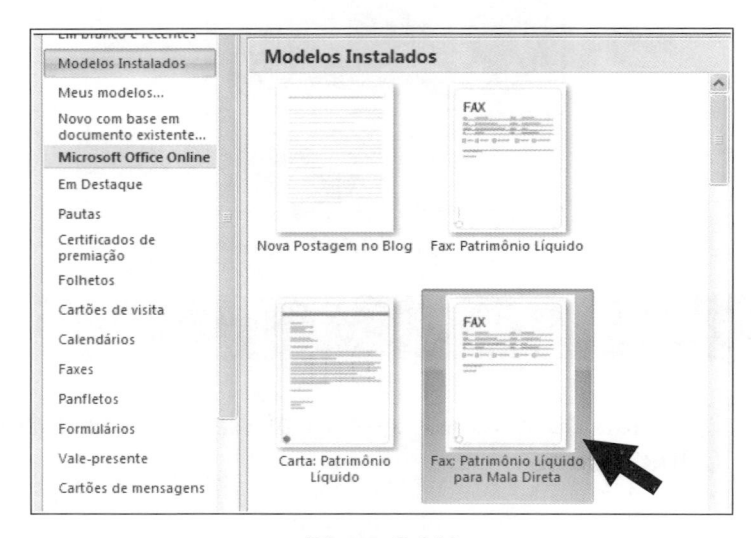

Figura 3.146

> **OBS.:** Do lado esquerdo da tela temos outras opções de modelos on-line, onde o Word se conectará à Internet, caso o computador possua esta opção, e pegará novos modelos para serem utilizados.

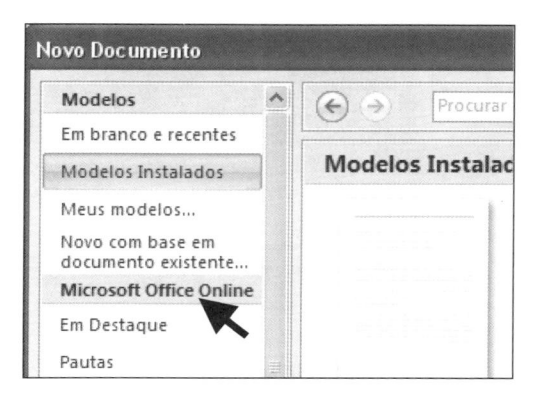

Figura 3.147

➲ **Exemplo de Utilização dos Modelos**

Fax

Para um melhor entendimento utilizaremos a criação de fax. Portanto, clique em **Fax Mediano**, mas poderia ser qualquer outro modelo.

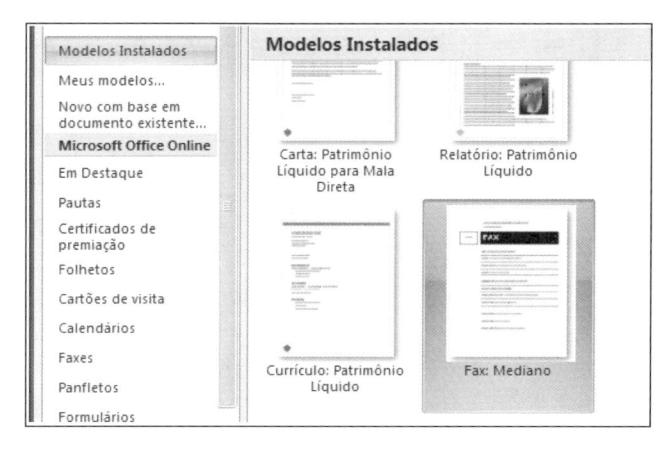

Figura 3.148

Repare que o modelo do fax já foi aplicado. O Word determina onde devem ser inseridos os dados, clicando e digitando o que se pede.

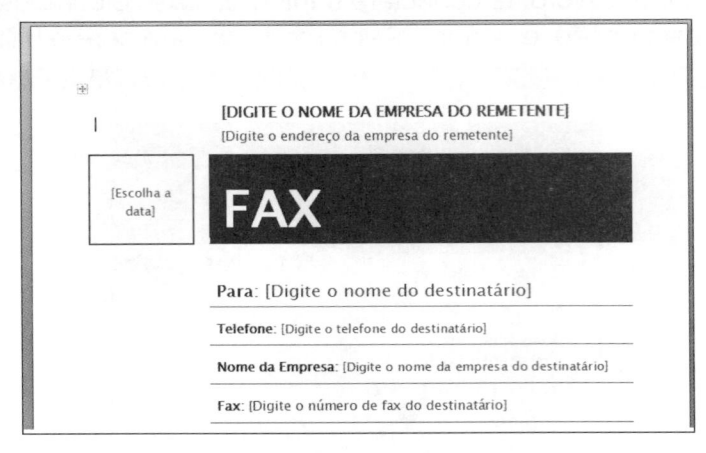

Figura 3.149

Currículo

Da mesma maneira, poderíamos utilizar os modelos para a criação de um currículo onde, em vez de ter escolhido Fax, escolheríamos um dos tipos de currículo.

Figura 3.150

Perceba que o modelo de currículo já determina em quais locais devem ser inseridos os dados, conforme mostra a ilustração.

Carolina Dos Santos

[Selecione a Data]

[Digite seu endereço]
[Digite seu telefone]
[Digite seu endereço de email]

[Digite o endereço do seu site]

Figura 3.151

Obs.: Após escolhido o modelo, clique nos locais sugeridos pelo Word para inserir os dados.

Configurando Página

Podemos definir qual o tamanho do papel e as margens que serão usadas no nosso documento seguindo os seguintes passos:

Primeiro Passo

Clique na guia **Layout da Página**.

Segundo Passo

Clique na opção **Mostrar a caixa de diálogo Configurar página**.

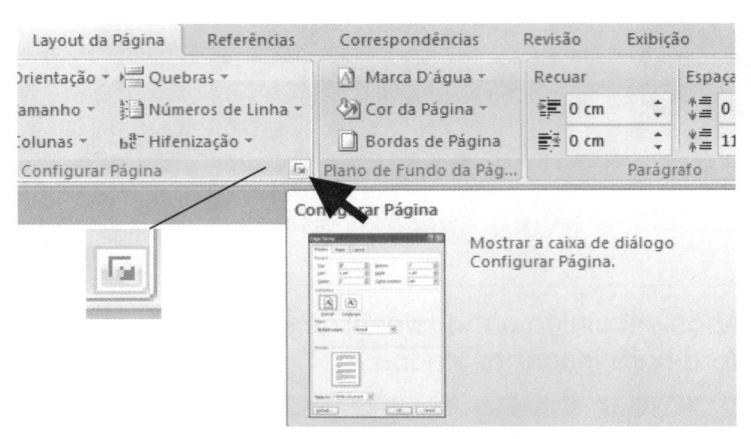

Figura 3.152

Nesta primeira tela, podemos definir as margens do nosso documento (Superior, Inferior, Esquerda, Direita).

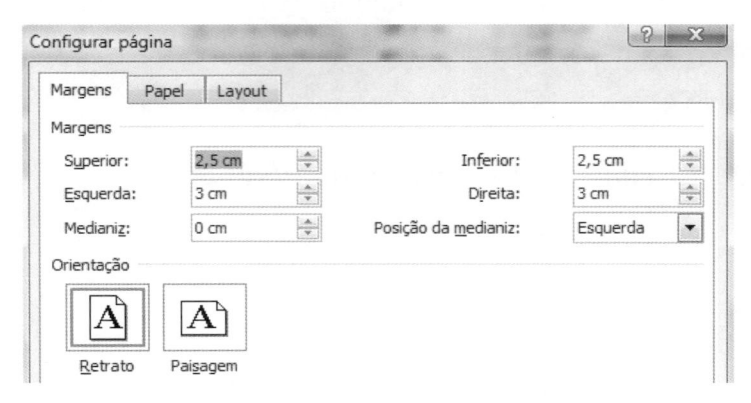

Figura 3.153

Tamanho do Papel

Clicando na guia **Papel**, podem ser definidos o tamanho e a orientação do papel que será usado no documento (ex.: A4...).

Figura 3.154

Nesta opção, podemos definir um tamanho personalizado para o nosso papel.

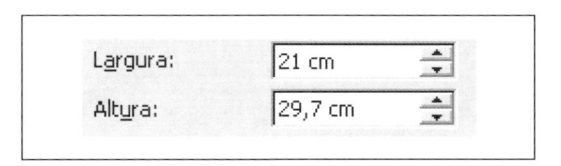

Figura 3.155

Imprimindo

Impressão é a possibilidade de finalizar o documento criado, imprimindo em papel. O Word permite que sejam aplicados alguns recursos para que molde esta impressão de acordo com a necessidade.

Para imprimir, siga os seguintes passos:

Primeiro Passo

Abra o documento já pronto.

(**Obs**.: Se já estiver aberto pule esse passo.).

Segundo Passo

Acesse o botão Office e clique na opção **Imprimir**, onde poderá escolher o que deseja.

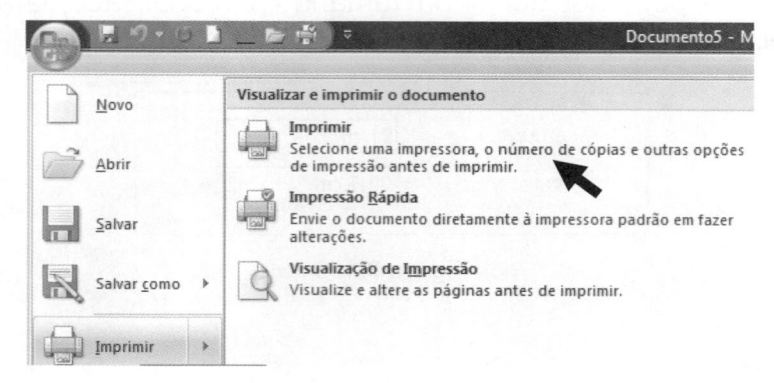

Figura 3.156

➲ Imprimir

Nesta opção podem ser escolhidos vários recursos para a impressão.

Imprimir

Selecione uma impressora, o número de cópias e outras opções de impressão antes de imprimir.

Figura 3.157

Nesta janela, configure a impressão do seu documento.

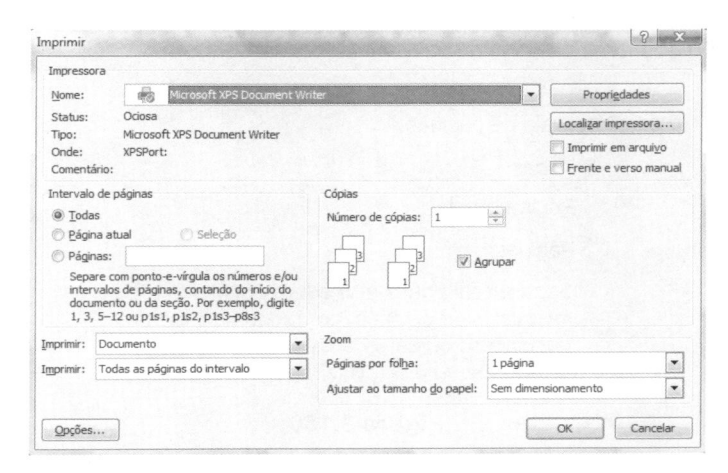

Figura 3.158

Possíveis Ajustes

➲ Nome da impressora

Determinamos, nesta opção, em qual impressora será impresso o seu documento.

Figura 3.159

➲ Intervalo de impressão

Todas – Imprime todas as páginas do documento.

Página atual – Imprime a página atual.

Páginas – Imprime somente as páginas que deseja (muito utilizado quando não queremos imprimir todo o documento, mas apenas uma ou mais folhas).

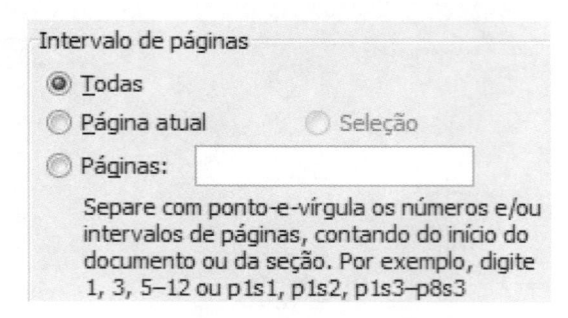

Figura 3.160

ꙩ Imprimir

Nesta opção escolhemos se desejamos imprimir as propriedades do documento, entradas de autotexto e outras opções.

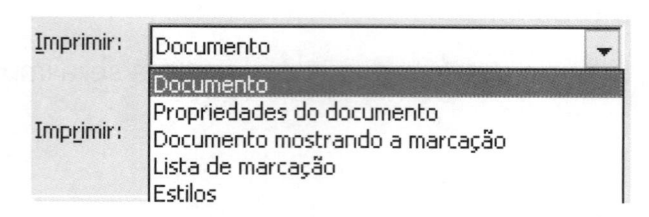

Figura 3.161

ꙩ Cópias

Número de cópias – Nesta opção, podemos escolher quantas cópias serão impressas do documento.

Agrupar – Estando esta opção selecionada, imprime-se uma cópia completa antes de imprimir a segunda (facilitando na hora da encadernação).

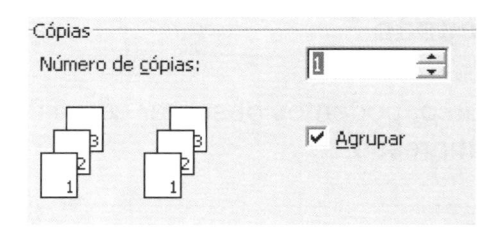

Figura 3.162

Impressão Rápida

Nesta opção serão usadas as configurações padrão de impressão mandando o documento diretamente para a impressora, sem solicitar nenhuma informação.

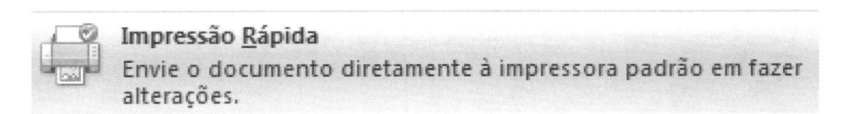

Figura 3.163

Para utilizar este recurso, siga os seguintes passos:

Clique no botão **Office**, depois clique em **Imprimir** e, para finalizar, clique em **Impressão Rápida**.

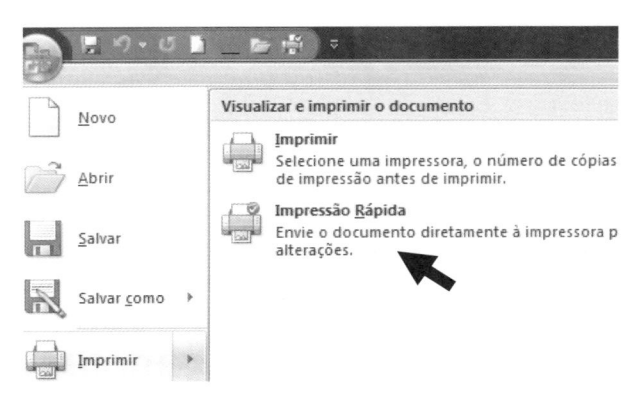

Figura 3.164

Visualizar Impressão

Utilizando este recurso, podemos observar como ficará o nosso documento quando for impresso.

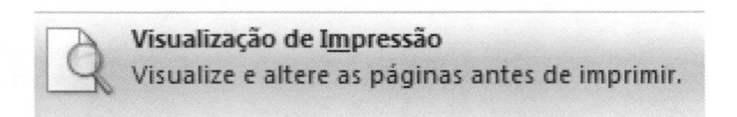

Figura 3.165

Para utilizar este recurso siga os passos:

Clique no botão **Office**, depois clique em **Imprimir** e, para finalizar, clique em **Visualização de Impressão**.

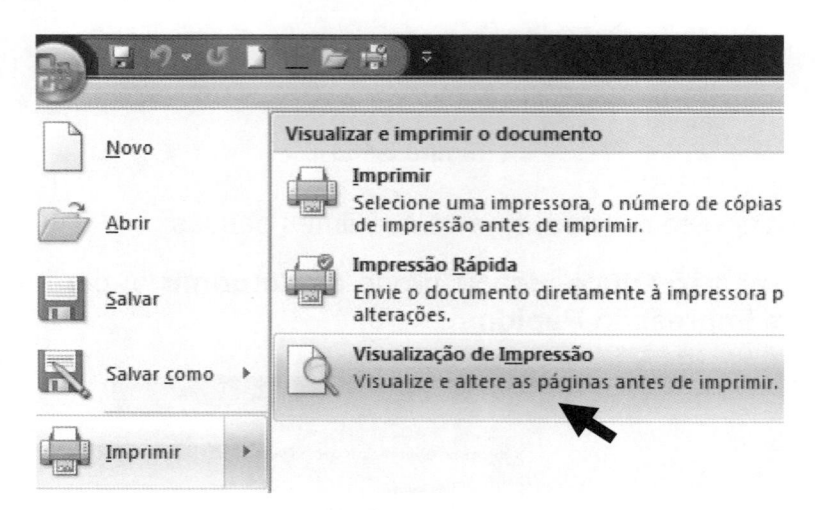

Figura 3.166

Nesta tela podemos ter uma visualização do documento.

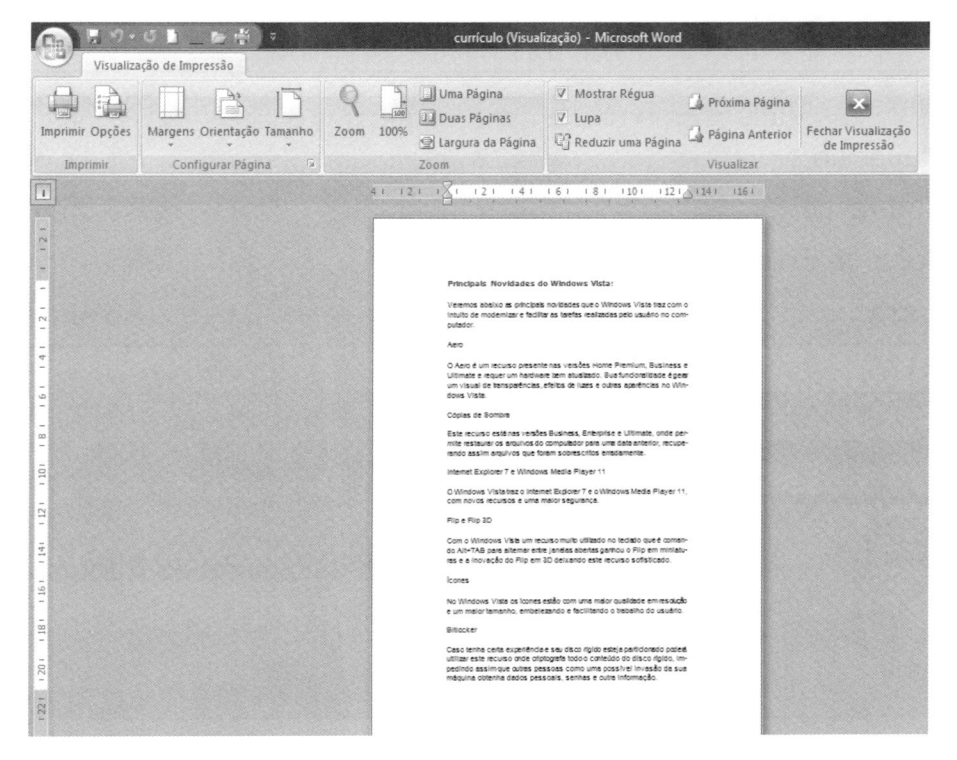

Figura 3.167

Para fechar a visualização clique no botão:

Trabalhos para Relembrar

Tendo aprendido os principais recursos do Word, faremos agora alguns exercícios de atividades que pode realizar no seu dia-a-dia.

➲ Cardápio

Peixe...R$ 45,30	
Macarrão ....R$ 12,30	
Churrasco...R$ 55,30	
Sopa de Ervilha ....R$ 10,50	
Pizza..R$ 12,00	

Para fazer este cardápio, siga os passos:

Primeiro Passo

Na guia **Início** clique na caixa de diálogo do Parágrafo, como mostra a imagem abaixo.

Figura 3.168

Segundo Passo

No final da janela à esquerda, clique na opção **Tabulação**, como mostra a imagem a seguir.

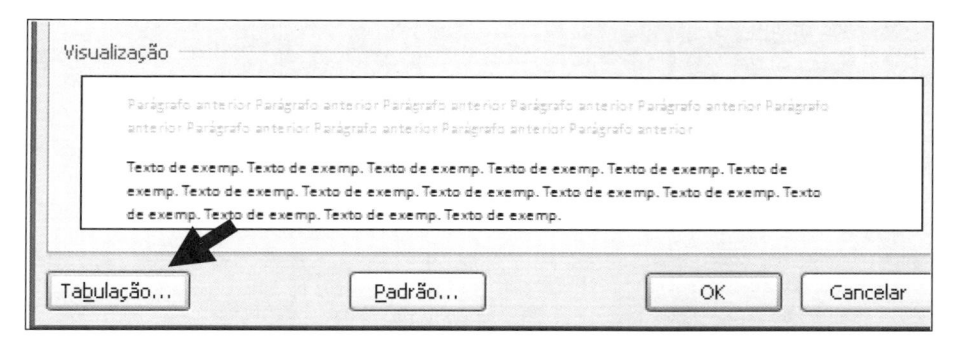

Figura 3.169

Terceiro Passo

 Determine o espaçamento que terá a tabulação. No nosso exemplo será **5** e o preenchimento 2 .... Pronto!!!, clique em **OK** para finalizar.

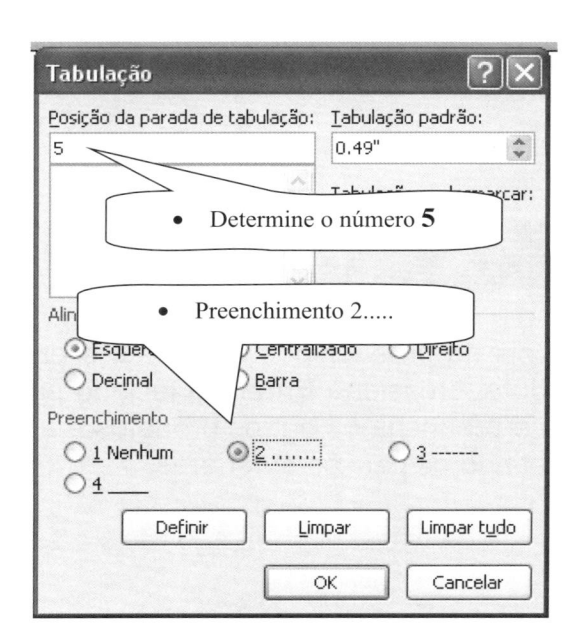

Figura 3.170

Quarto Passo

Digite o produto e pressione a tecla **TAB** no teclado para colocar o preço.

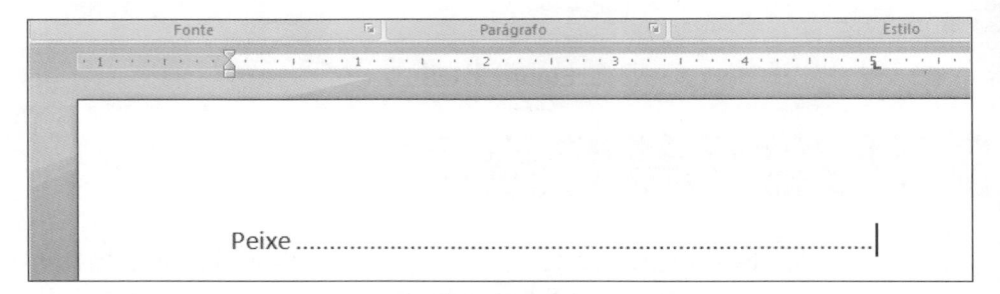

Figura 3.171

DICA: Se não lembra onde fica a tecla **TAB**, uma dica é que ela está acima da tecla **CAPS LOCK**, do lado esquerdo do teclado.

Quinto Passo

Depois de preenchidos o nome e o preço do primeiro produto, pressione **Enter** no teclado para descer de linha e preencha os outros produtos e assim por diante, repetindo os passos anteriores.

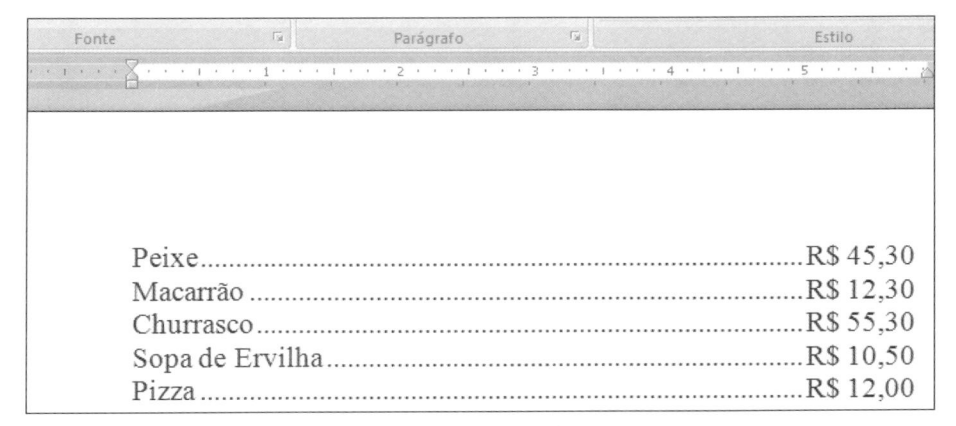

Fonte	Parágrafo	Estilo

Peixe..R$ 45,30
Macarrão ....R$ 12,30
Churrasco..R$ 55,30
Sopa de Ervilha..R$ 10,50
Pizza ....R$ 12,00

Figura 3.172

⸠ Agenda

Podemos criar uma agenda para guardar os telefones de amigos e familiares, facilitando a sua localização quando necessário.

Nome	Telefone
Wagner	2000-2020
Joana	3021-8585
Carla	1245-6565
Pedro	7894-9595

Figura 3.173

Siga os passos para criar esta agenda:

Primeiro Passo

Crie uma tabela para organizar os contatos, acessando a opção **Tabela** no menu Inserir e clique em uma linha e duas colunas, como mostra a imagem a seguir.

Figura 3.174

Segundo Passo

Digite os títulos, como mostra a imagem abaixo.

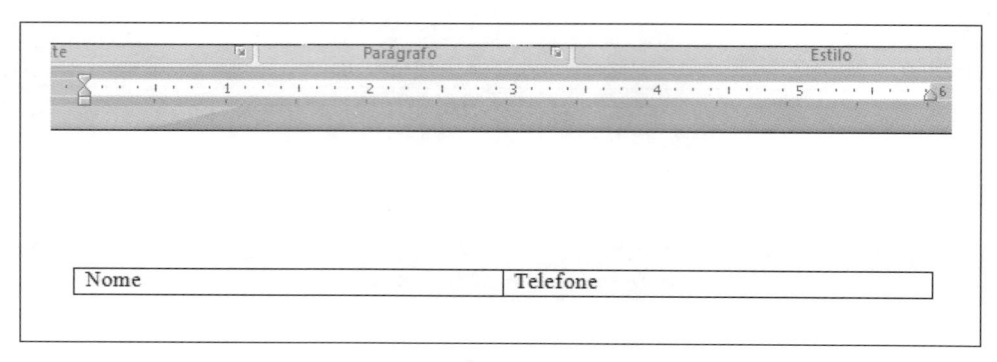

Figura 3.175

Terceiro Passo

 Estando o ponto de inserção depois da palavra "telefone", pressione a tecla **TAB** no teclado, para que o Word crie automaticamente uma nova linha.

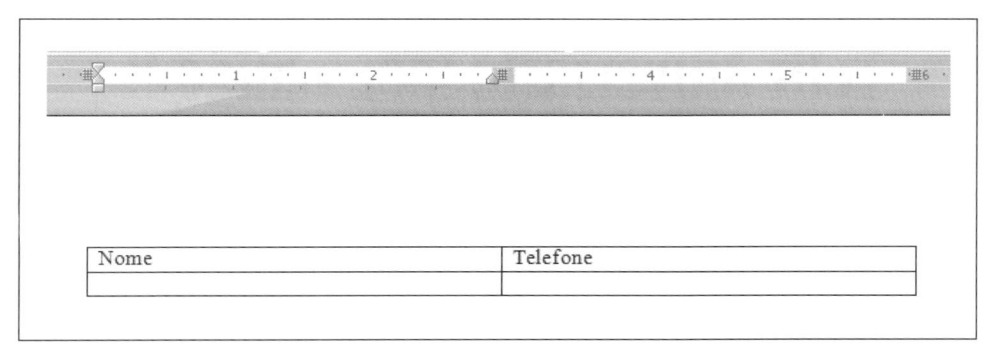

Figura 3.176

Repetindo esse mesmo procedimento de pressionar a tecla **TAB** ao final da tabela, podemos adicionar novas linhas para serem colocados dados de outros amigos e parentes.

Nome	Telefone
Wagner	2000-2020
Joana	3021-8585
Carla	1245-6565
Pedro	7894-9595

Figura 3.177

➲ Cartão de Aniversário

Podemos fazer uma carta ou cartão de aniversário para um parente ou amigo de uma maneira muito fácil. Siga os passos:

Primeiro Passo

Digite o texto que deseja.

Feliz Aniversário meu amigo !!

Saúde e paz,

Wagner

Figura 3.178

Segundo Passo

Selecione o texto que deseja trocar o tipo de letra, como mostra a próxima imagem.

Feliz Aniversário meu amigo !!

Saúde e paz,

Wagner

Figura 3.179

Terceiro Passo

Selecione o tipo de letra que deseja, como mostra a imagem abaixo

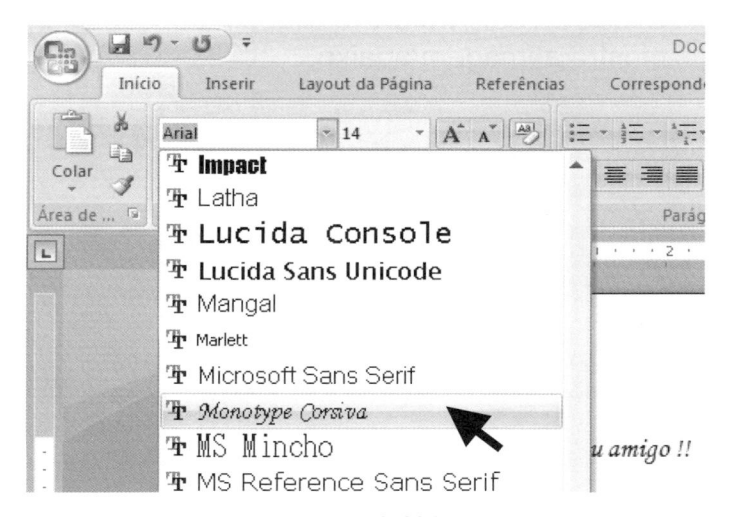

Figura 3.180

Pronto!!! Podemos repetir os mesmos passos para alterar o tipo de letra das outras palavras, para que o nosso trabalho fique com uma melhor aparência.

Feliz Aniversário meu amigo !!

Saúde e paz,

Wagner

Figura 3.181

➲ Inserindo uma figura

Pode ser colocado uma figura para melhor representar o nosso desejo de saudar um amigo. Siga os passos:

Primeiro Passo

Clique na guia **Inserir** e clique na opção **Clip-art**, como mostra a imagem abaixo.

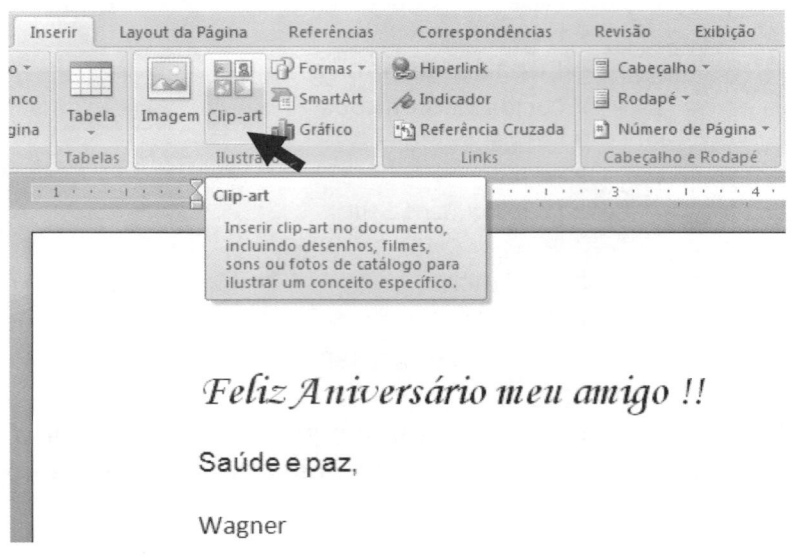

Figura 3.182

Segundo Passo

Do lado direito da tela, digite o tema que deseja procurar e clique em **IR**, como mostra a imagem a seguir.

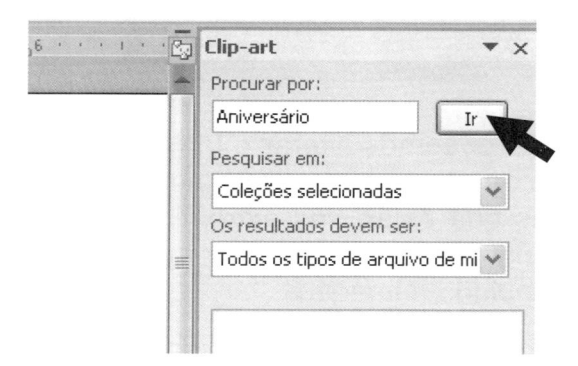

Figura 3.183

Terceiro Passo

Clique sobre a imagem que deseja.

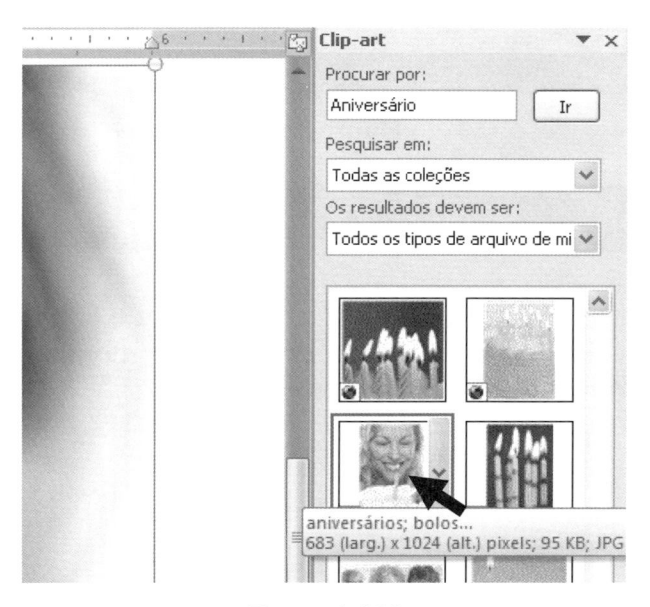

Figura 3.184

Quarto Passo

Agora podemos alterar o tamanho da imagem deixando-a de acordo com o desejado clicando sobre uma das bolas que estão nas extremidades, deixando o botão do mouse pressionado e arrastando, aumentando ou diminuindo a imagem.

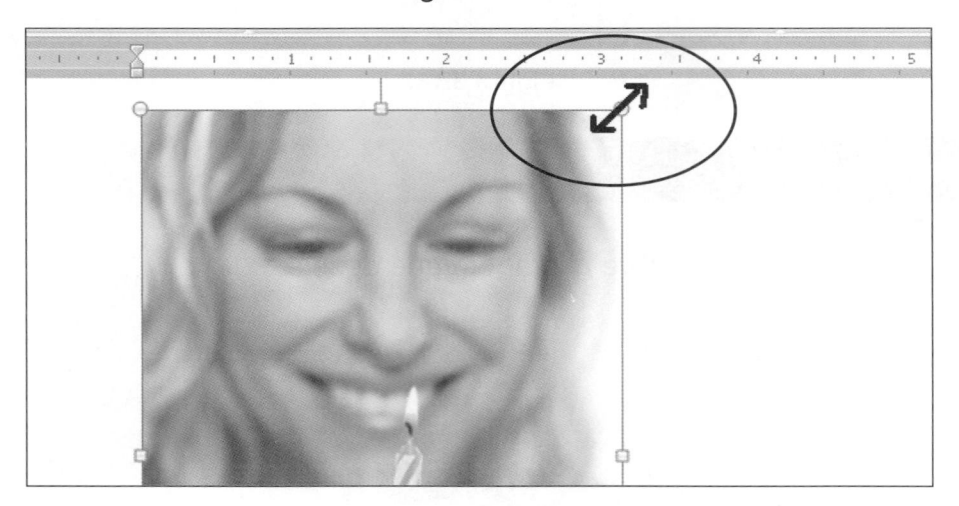

Figura 3.185

Quinto Passo

Mova a imagem para o local em que ficará no trabalho. Clicando e deixando o botão do mouse pressionado, arraste para onde deseja.

Feliz Aniversário meu amigo !!

Saúde e paz,

Wagner

Figura 3.186

Sexto Passo

Para não deixar a imagem separar o nosso texto, clique na imagem e no menu **Formatar**.

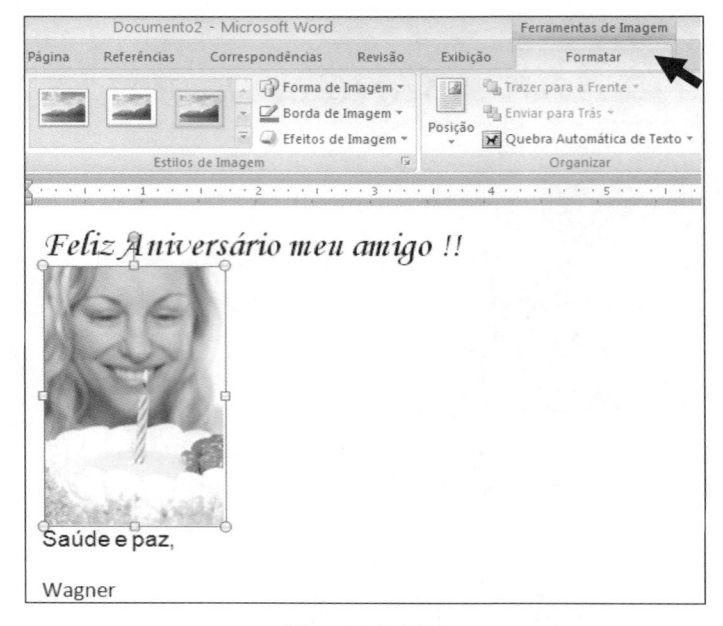

Figura 3.187

Sétimo Passo

Escolha o posicionamento que deseja para esta imagem, como mostra a ilustração abaixo.

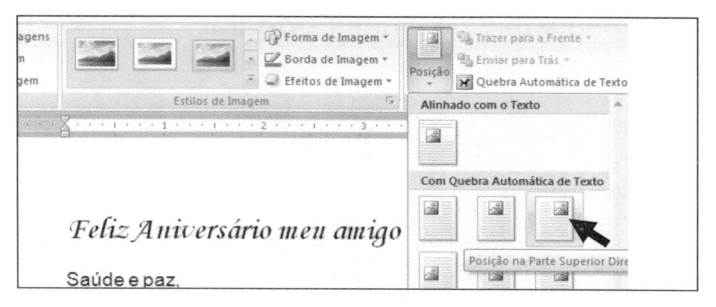

Figura 3.188

Pronto!!! Agora estamos com um trabalho completo.

Feliz Aniversário meu amigo !!

Saúde e paz,

Wagner

Figura 3.189

◑ Receita Culinária

Podemos fazer uma receita utilizando marcadores que deixarão o trabalho organizado e bonito. Siga os passos.

Primeiro Passo

Digite o texto como mostra a imagem abaixo.

Bolo de Chocolate

Dois copos de leite
Dois ovos
Uma colher de fermento
Uma barra de chocolate
Mexa bastante

Figura 3.190

Segundo Passo

Selecione os ingredientes.

Bolo de Chocolate

Dois copos de leite
Dois ovos
Uma colher de fermento
Uma barra de chocolate
Mexa bastante

Figura 3.191

Terceiro Passo

Clique no botão **Marcadores**, como mostra a imagem a seguir.

Bolo de Chocolate

Dois copos de leite
Dois ovos
Uma colher de fermento
Uma barra de chocolate
Mexa bastante

Figura 3.192

Pronto!!! Nossa receita está devidamente arrumada.

Bolo de Chocolate

- Dois copos de leite
- Dois ovos
- Uma colher de fermento
- Uma barra de chocolate
- Mexa bastante

Figura 3.193

Exercícios

1. Qual a principal utilidade do Word?

_____

_____

_____

2. Para que serve a Barra de Ferramentas de Acesso Rápido?

_____

_____

_____

3. Como podemos salvar um documento?

_____

_____

_____

4. Para que servem os recursos "copiar e colar"?

_____

_____

_____

5. O que são formatações da fonte?

_____

_____

_____

Primeiro Contato com o Excel

Todas as vezes que desejamos trabalhar com cálculos, seja para organizar as despesas da casa ou fazer o fechamento do salário de algum funcionário e muitas outras funções com cálculos, utilizamos o Excel, que é conhecido como o programa mais utilizado no mundo para a execução de cálculos.

Todo trabalho feito no Excel é chamado de pasta, que é formada pelo conjunto de várias planilhas eletrônicas que se parecem e muito com as tabelas já vistas no Word, mas que neste programa oferecem diversos outros recursos e ações.

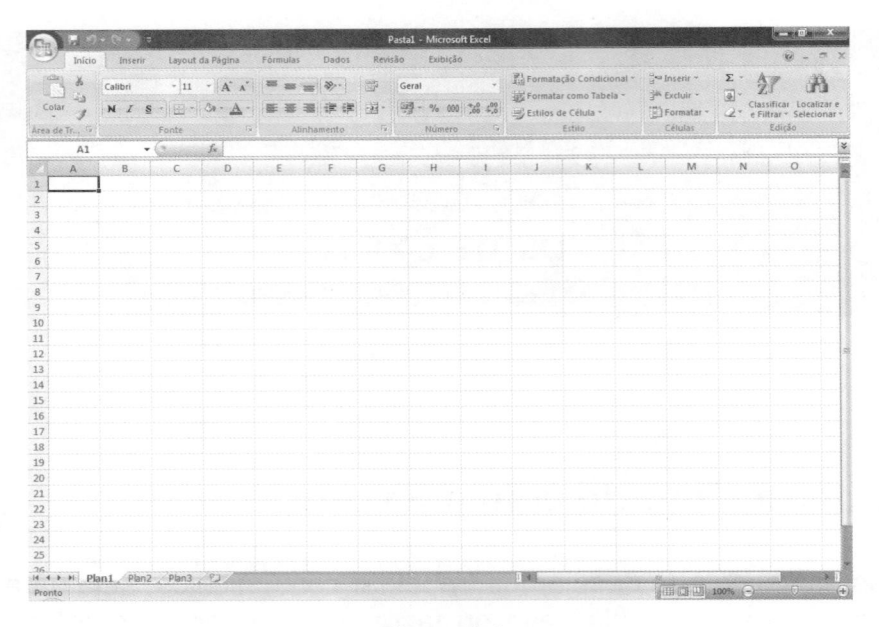

Figura 4.1

Iniciando o Excel

Primeiro Passo

 Para iniciar o Excel, clique no botão **Iniciar** na Barra de Tarefas e clique em **Todos os Programas**.

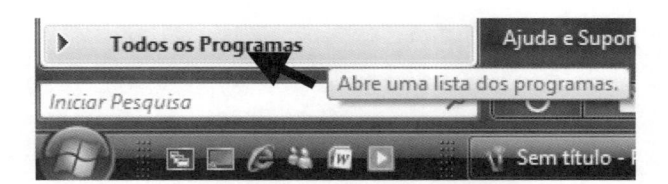

Figura 4.2

Segundo Passo

Clique em **Microsoft Office**.

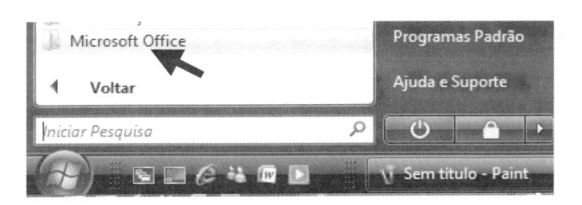

Figura 4.3

Terceiro Passo

Clique em **Microsoft Office Excel 2007**.

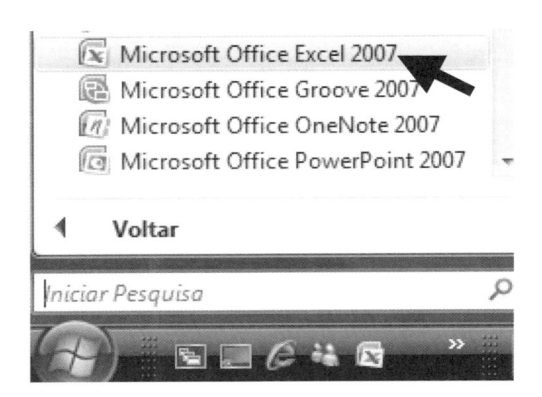

Figura 4.4

Fechando o Excel

Quando não desejamos mais trabalhar com o programa Excel, devemos fechá-lo seguindo os próximos passos.

Primeira Maneira

Primeiro Passo

 Clique no botão do **Office** situado no canto superior esquerdo.

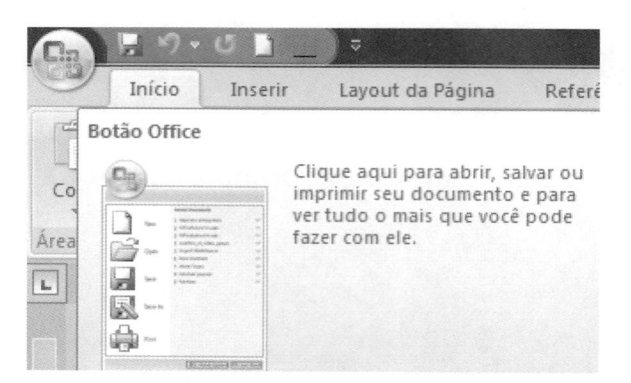

Figura 4.5

Segundo Passo

 Clique na opção **Sair do Excel**.

Figura 4.6

Segunda Maneira

Clique no botão **Fechar** da Barra de Título.

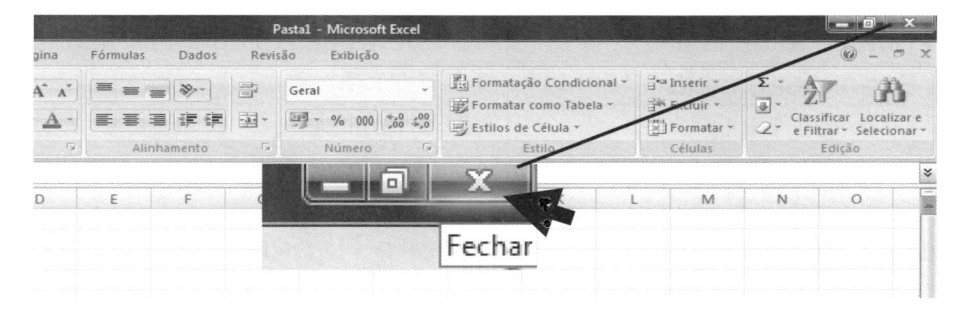

Figura 4.7

Janela do Excel

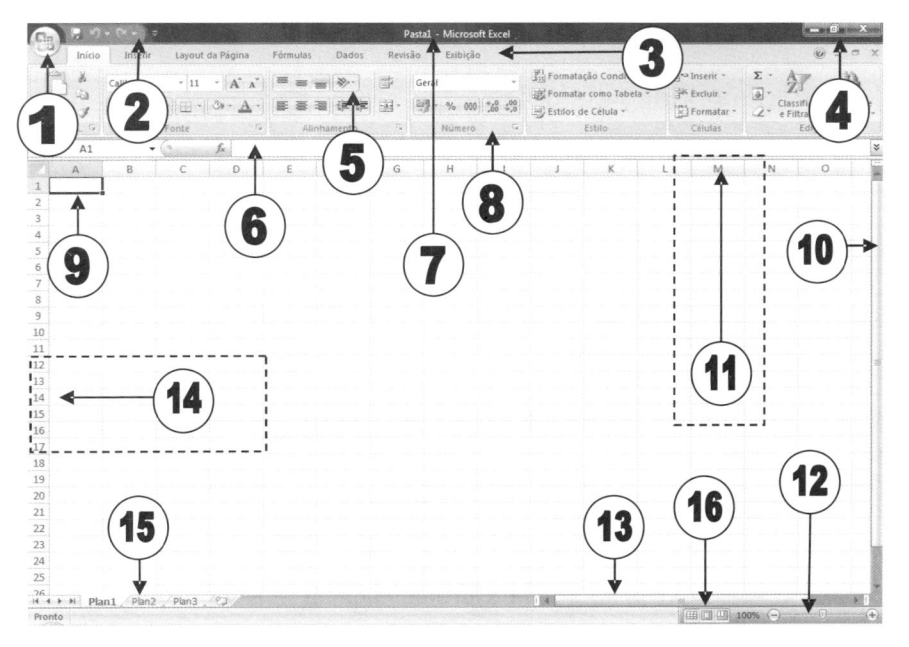

Figura 4.8

1	Botão do Office	9	Célula Ativa
2	Barra de Acesso Rápido	10	Barra de Rolagem Vertical
3	Guias	11	Coluna
4	Dimensionamento da Tela	12	Zoom
5	Conteúdo da Guia	13	Barra de Rolagem Horizontal
6	Barra de Fórmula	14	Linha
7	Barra de Título	15	Planilhas
8	Grupo da Guia	16	Modo de Visualização

Barras de Ferramentas de Acesso Rápido

Esta barra contém vários botões que possibilitam uma maior facilidade para execução de uma determinada tarefa, através de uma maneira prática e rápida.

Figura 4.9

Conhecendo as principais guias:

Cada guia oferece uma determina tarefa, cabendo escolhermos de acordo com a nossa necessidade.

➲ Início

Contém as principais funções como: tamanho da fonte, tipo da fonte, copiar-colar, arredondamento de números e muitos outros.

Figura 4.10

➔ Inserir

Contém recursos, como: Formas, WordArt, Clip-art e vários outros recursos.

Figura 4.11

➔ Layout da Página

Como o próprio nome sugere, com esta guia pode-se alterar o layout que será aplicado na página.

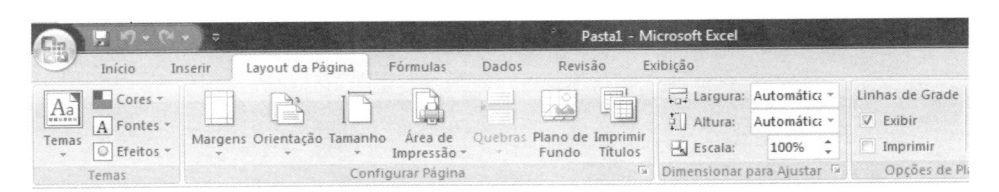

Figura 4.12

➔ Fórmulas

Nesta guia podem ser aplicadas fórmulas e funções a nossa planilha.

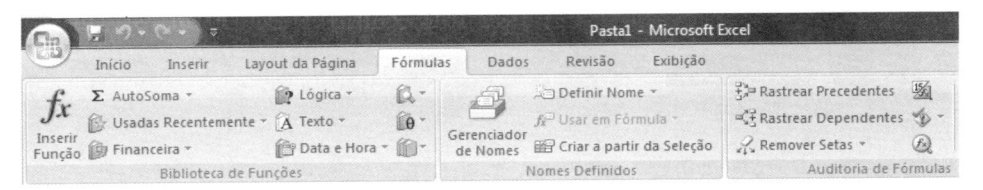

Figura 4.13

➲ Dados

Esta guia permite alterações e funções a serem aplicadas nos dados utilizados.

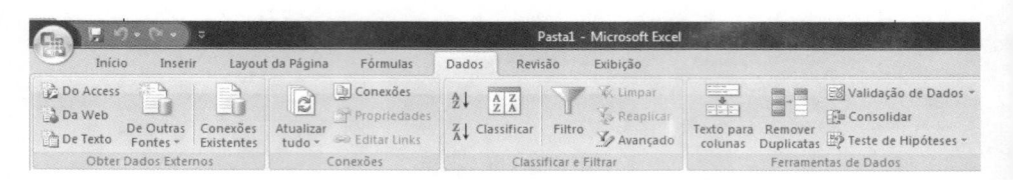

Figura 4.14

➲ Revisão

Todas as revisões relacionadas ao texto inserido na planilha são verificadas nesta guia.

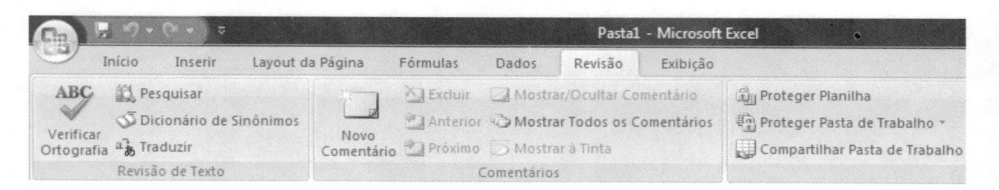

Figura 4.15

➲ Exibição

Esta guia determina como a planilha será visualizada aplicando diferentes recursos de acordo com a necessidade do usuário.

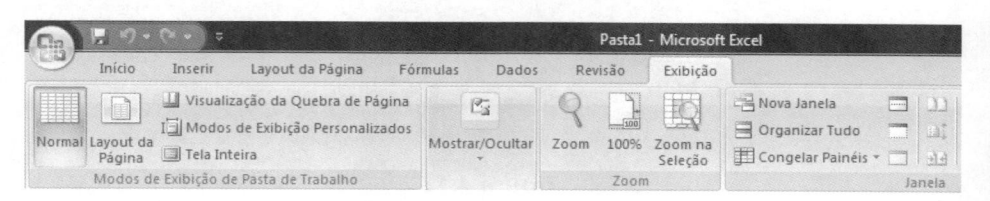

Figura 4.16

Célula

As células são os locais onde serão inseridos os dados. Existem várias células em uma planilha, sendo a célula a união da coluna com a linha, lembrando a brincadeira "batalha naval".

Ex.: Célula A1.

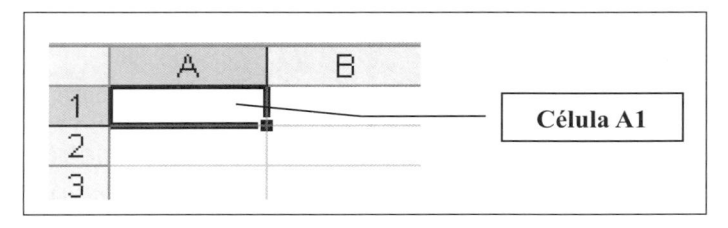

Figura 4.17

Informação

Cada planilha tem 1.048.576 linhas e 16.384 colunas.

Algumas definições antes de começarmos:

1ª definição – Todo valor que possuir centavos terminando em 0 (zero), será automaticamente modificado, não aparecendo este 0 (zero). Onde no decorrer do livro aprenderemos como colocar os zeros visíveis.

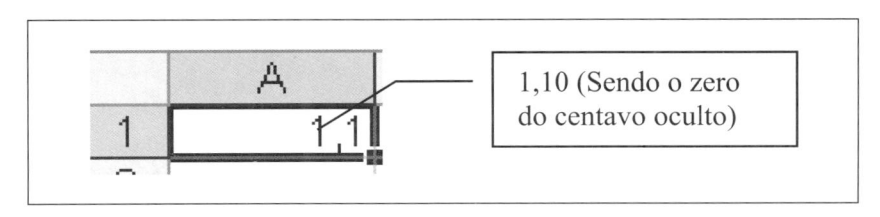

Figura 4.18

2ª definição – Não serão aplicadas neste início formatações como: alinhamentos, largura das colunas, cor da fonte e outras alterações.

3ª definição – Os números são alinhados à direita da célula e as letras do lado esquerdo.

Primeira Planilha

Primeiro Passo

 Para iniciar a nossa primeira planilha eletrônica, devemos clicar sobre a célula que desejamos inserir dados, onde no nosso exemplo será a célula **A1**, passando a mesma a ser chamada de célula ativa, pois é o local ativado para serem inseridos os dados.

	A	B	C	D	E	F
1						
2						
3						
4						
5						
6						

Figura 4.19

Segundo Passo

 Digite o título como mostra a imagem a seguir e finalize pressionando **ENTER** no teclado.

Figura 4.20

Terceiro Passo

Digite o subtítulo.

Figura 4.21,

Dica: Como podemos perceber, sempre que desejamos escrever um novo item abaixo, pressionamos **Enter** no teclado.

Importante

O próximo passo é inserir os preços de cada produto, precisando assim chegar até o local desejado.

As maneiras para movimentação entre as células são:

Primeira Maneira

Como já visto anteriormente, teclando Enter a célula é movimentada para baixo.

	A	B	C	D	E
1	Compras do Mês				
2	Produtos				
3	Sabonete				
4	Macarrão				
5	Tomate				
6	Lâmpada				
7	Frango				
8	Total				
9					

Figura 4.22

Segunda Maneira

Clique sobre a célula que deseja.

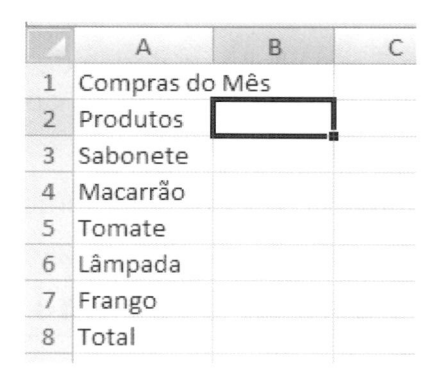

Figura 4.23

Terceira Maneira

Utilizando as setas do teclado, podemos movimentar a célula ativa para o local desejado.

Figura 4.24

Quarto Passo

Seguindo os procedimentos já aprendidos anteriormente, digite todos os preços dos produtos, como mostra a imagem a seguir.

> **Obs.:** Por padrão o Excel alinha os dados de texto do lado esquerdo da célula, e os dados numéricos do lado direito.

Este alinhamento automático poderá ser alterado, como veremos no decorrer do livro.

Salvando uma Pasta de Trabalho

Como já aprendemos anteriormente no Word, durante a criação de um trabalho ou após o seu fim, podemos salvá-lo para que no futuro o mesmo possa ser aberto e reutilizado.

Siga os procedimentos:

Primeira Maneira

Usando o botão do **Office**, escolha a opção **Salvar Como**.

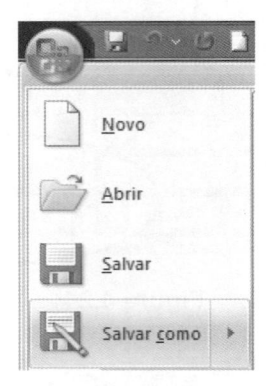

Figura 4.25

Segunda Maneira

Outra forma fácil e rápida é clicar no botão referente a **Salvar** que está na barra de ferramentas de acesso rápido.

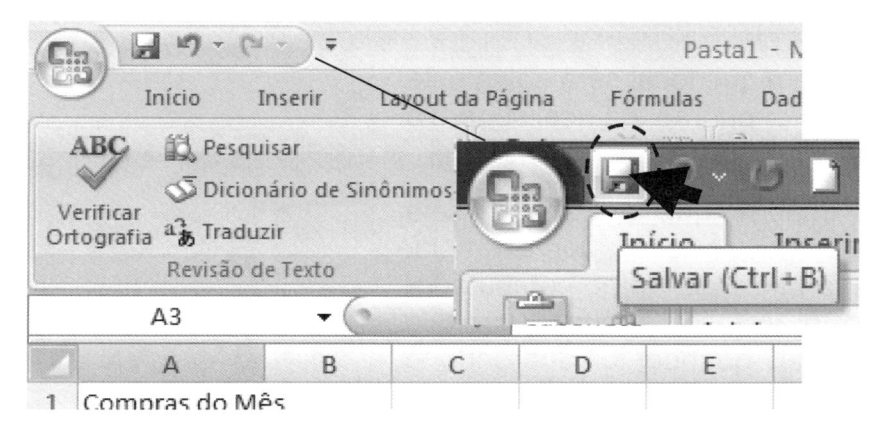

Figura 4.26

Sabendo como entrar nesta janela, agora você conhecerá um pouco mais sobre ela, como visto anteriormente no programa Word.

➲ Conhecendo os Itens da Janela Salvar Como

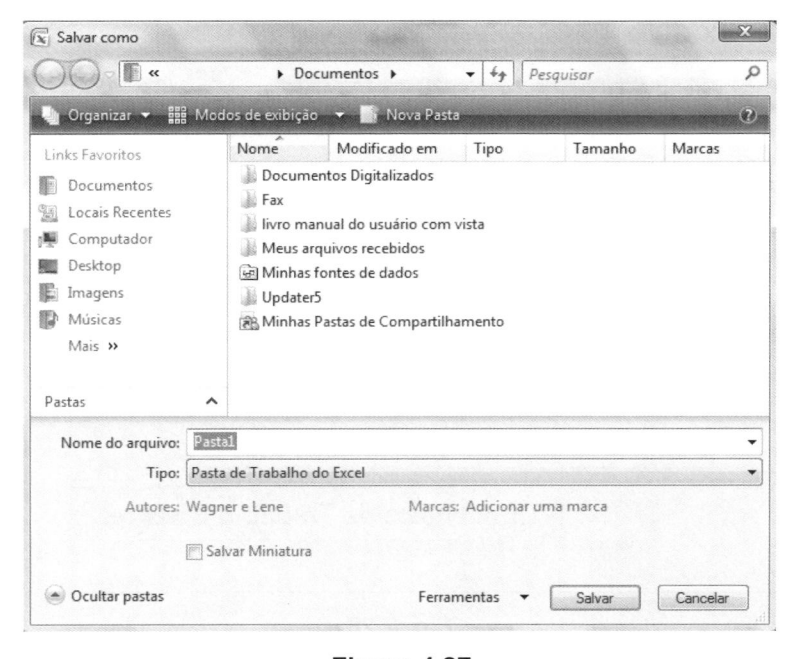

Figura 4.27

Local

Escolha em que local será salvo este arquivo. Por padrão, o Excel sugere a pasta **Documentos**.

Nada impede que o trabalho seja salvo em outro local, por exemplo, em uma pasta criada no computador (como foi visto no segundo capítulo deste livro, quando foi abordado o Windows) ou salvar este trabalho no disquete ou pen-drive, para levá-lo para outro local.

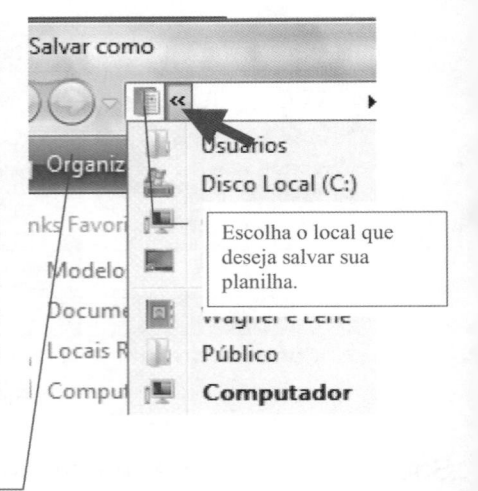

Escolha o local que deseja salvar sua planilha.

Sugestões de locais para serem salvos o trabalho, localizadas do lado esquerdo da janela

Nome do Arquivo

Neste local, digite o nome que deseja salvar a pasta. Para uma melhor identificação da pasta feita, é colocado um nome de acordo com o trabalho.

Por exemplo, se for uma planilha das despesas do mês como o exemplo utilizado, pode ser salva como "Compras do Mês" ou algum outro nome que lembrará este trabalho como sendo referente as compras feitas, facilitando a sua localização.

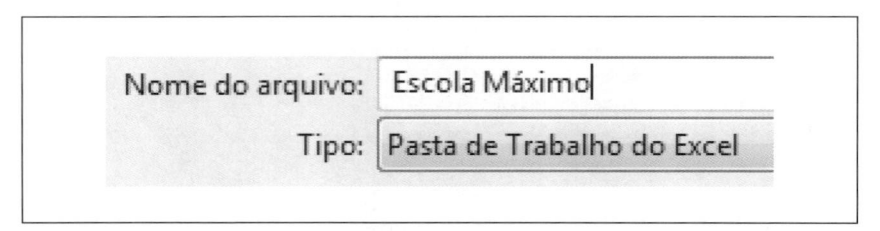

Fig. 2.28

Planilhas

O Excel separa a pasta de trabalho em várias planilhas, possibilitando uma melhor organização e produtividade. Podemos criar uma planilha com os gastos da casa, outra com os gastos com funcionários e assim por diante.

Figura 4.29

Podemos observar que criamos o nosso trabalho na Plan1, mas nada impediria que fosse criado em outra planilha.

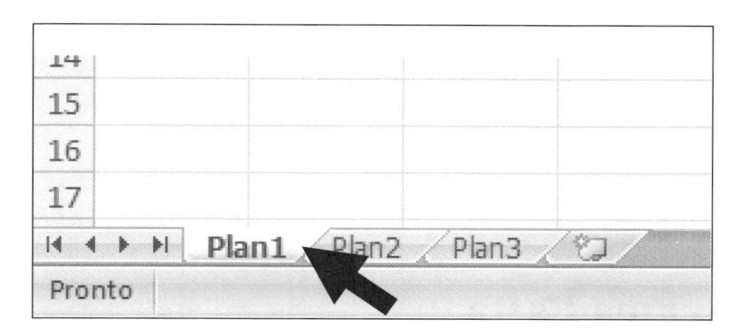

Figura 4.30

↺ Visualizando outra planilha

Para visualizar outra planilha, basta clicar sobre o nome da planilha desejada.

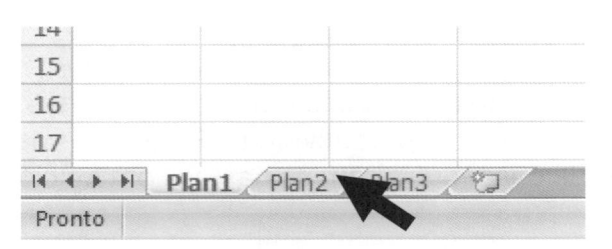

Figura 4.31

Importante

Cada pasta de trabalho é subdividida, por padrão, em três planilhas (Plan1, Plan2 e Plan3), podendo ser acrescentadas até 255 planilhas por pasta de trabalho.

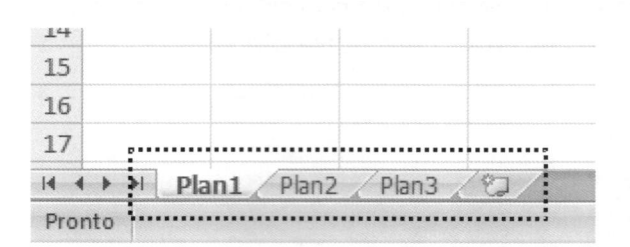

Figura 4.32

Abrindo uma Pasta

Quando abrimos o Excel e desejamos trabalhar com uma planilha já criada e salva anteriormente, devemos utilizar o recurso **Abrir** para que seja aberto esse trabalho, possibilitando assim a sua utilização.

Para abrir uma planilha podem ser utilizadas algumas maneiras, podendo escolher a que mais lhe agradar.

Primeira Maneira – Usando o botão do Office

Primeiro Passo

 Clique no botão **Office**.

Segundo Passo

 Clique em **Abrir**.

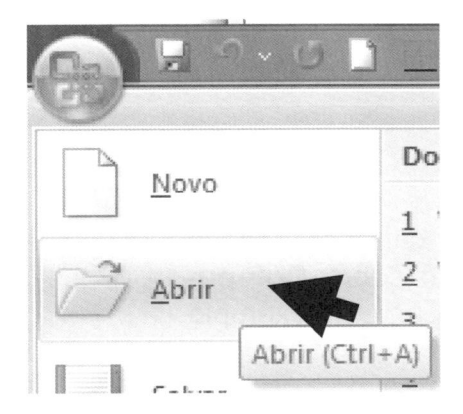

Figura 4.33

Segunda Maneira – Usando a Barra de Acesso Rápido

Outro modo é clicar no botão **Abrir** que está na **Barra de Acesso Rápido**.

Figura 4.34

Conhecendo os Itens da Janela Abrir

➲ Examinar

Local que determina a pasta ou local onde está a Pasta Eletrônica que será aberta.

Figura 4.35

Para abrir uma pasta eletrônica salva em um disquete, siga os passos:

Primeiro Passo

Abra a caixa de opções e clique sobre **Computador**, como no exemplo ao lado.

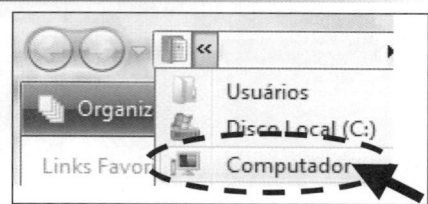

Segundo Passo

Clique duplamente em **Unidade de Disquete (A:)**.

Caso deseje abrir a pasta em outro lugar do computador (dentro de uma pasta do Windows), escolha através da caixa **Examinar** o local onde será encontrado o arquivo que deseja abrir.

Aparecendo o arquivo que deseja abrir, siga os seguintes passos:

Primeiro Passo

 Clique sobre o arquivo que deseja abrir.

Segundo Passo

 Clique no botão **Abrir**.

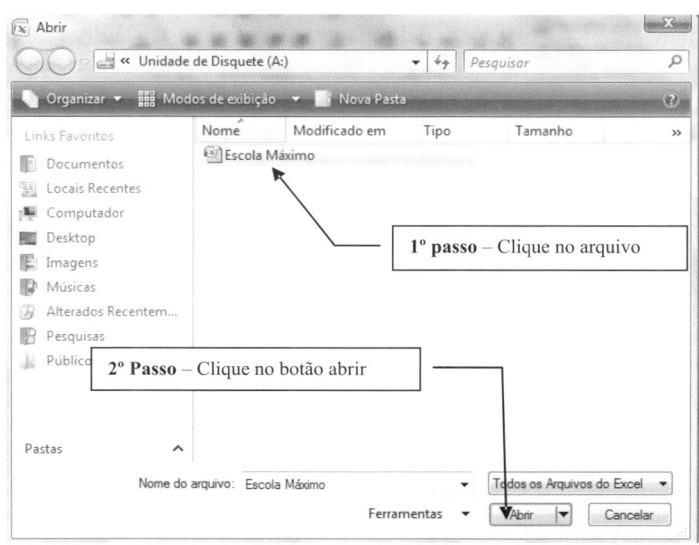

Figura 4.36

Selecionando Células

Para alterar os formatos das células (cor, tamanho...) selecione as células, clicando e deixando pressionado o botão do mouse no centro da célula, arrastando para onde desejar.

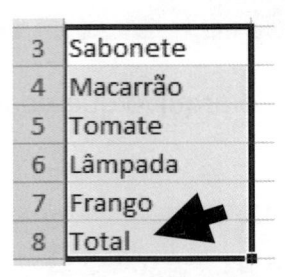

Figura 4.37

Alinhamentos

Podem ser modificados os alinhamentos padronizados do Excel (texto alinhado à esquerda e dados numéricos alinhados à direita), utilizando os botões de alinhamento já conhecidos no Word, que são:

Alinhar pela Esquerda ≣
Os dados são alinhados dentro das células a partir da esquerda.

Martelo
Prego
Balde
Tesoura

Alinhar pela Direita ≣
Os dados são alinhados dentro das células a partir da direita.

Martelo
Prego
Balde
Tesoura

Alinhar pelo Centro

Os dados são alinhados centralizados dentro das células.

Martelo
Prego
Balde
Tesoura

Alinhar pelo Mesclar e Centralizar

Este alinhamento é utilizado quando se deseja alinhar um texto entre várias células, como exemplo um título.

Siga os próximos passos para centralizar o título da nossa planilha:

Primeiro Passo

Selecione o título até a última coluna que contém dados.

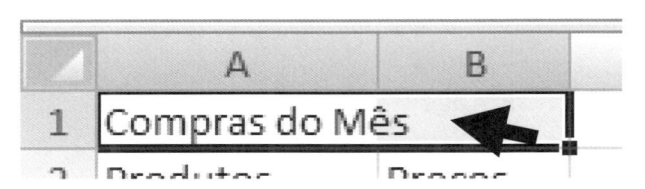

Figura 4.38

Segundo Passo

Clique no botão **Mesclar e Centralizar** encontrado na guia Início e no grupo Alinhamento.

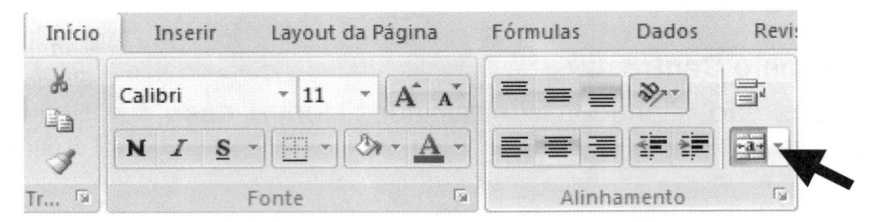

Figura 4.39

> **Pronto!!** Nosso título já está no meio das duas colunas.

	A	B	C
1	Compras do Mês		
2	Produtos		
3	Sabonete		
4	Macarrão		
5	Tomate		
6	Lâmpada		
7	Frango		
8	Total		

Figura 4.40

Formatações

Podemos aplicar formatações (cor, tamanho, tipo da fonte...) na planilha para dar uma melhor aparência, tornando o trabalho elegante e profissional.

A guia **Início** contém algumas funções básicas, como: negrito, tamanho da letra (fonte), cor e outros.

Figura 4.41

Tipo da fonte – Para modificar a fonte, selecione as células que deseja modificar e clique sobre o nome da fonte que desejar na caixa **Fonte**.

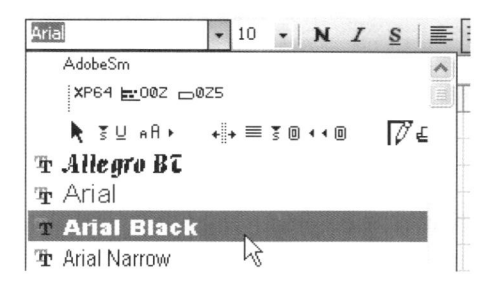

Figura 4.42

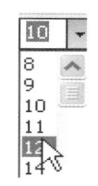

Tamanho da fonte – Para modificar o tamanho da fonte (aumentar ou diminuir a letra), selecione as células e clique sobre o tamanho da letra na caixa **Tamanho da Fonte**.

Formatação em negrito – Para aplicar formatação em negrito, selecione a célula e clique no botão **Negrito**.

Figura 4.43

Formatação em itálico – Para aplicar formatação em itálico, selecione a célula e clique no botão **Itálico**.

Figura 4.44

Formatação em sublinhado – Para aplicar formatação em sublinhado, selecione a célula e clique no botão **Sublinhado**.

Figura 4.45

Alterando Dados em Células já Preenchidas

Para alterar dados em uma célula já preenchida, como: adicionar ou excluir letra, acentuação ou aplicar outras alterações no texto, basta clicar duas vezes sobre a célula que deseja alterar.

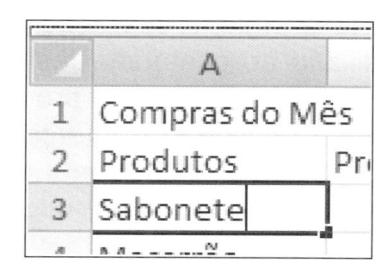

Figura 4.46

Preenchimento Automático de Células

O Excel preenche automaticamente a célula caso você esteja digitando uma palavra com a mesma inicial de outra existente na mesma coluna.

Se desejar estes dados, basta pressionar ENTER; se não desejar, continue digitando a palavra como se nada tivesse acontecido.

	A	B
1	Compras do Mês	
2	Produtos	Preços
3	Sabonete	1.2
4	Macarrão	2.6
5	Sabonete	2

Figura 4.47

Desfazendo e Refazendo Ações

Quando estamos desenvolvendo uma planilha, pode ocorrer a necessidade de desfazer algum processo que foi feito incorretamente ou refazer algum processo que foi desfeito incorretamente.

Em resumo, quando é feita alguma operação errada ou que não deseja mais, pode ser utilizado o comando desfazer para corrigi-la ou utilizar o comando refazer para voltar ao processo que foi desfeito. Ambos estão situados na Barra de Ferramentas de Acesso Rápido.

➜ **Desfazer** – Desfaz operações realizadas.

➜ **Refazer** – Refaz as últimas ações desfeitas.

Inserir Linhas

Muitas vezes, ao digitar uma lista de produtos é esquecida, por exemplo, a inserção de algum dado. Você pode inseri-lo posteriormente.

Para uma maior compreensão utilizaremos o exemplo a seguir, onde é preciso inserir o produto "Pasta de Dente" entre "Sabonete" e "Macarrão".

	A	B
1	**Compras do Mês**	
2	**Produtos**	**Preços**
3	Sabonete	1.20
4	Macarrão	2.60
5	Tomate	2.00
6	Lâmpada	1.99
7	Frango	4.25
8	Total	

Figura 4.48

Siga os passos:

Clique no local onde deseja inserir o produto (**Macarrão**) + clique na guia Início e no grupo Células, clique na opção **Inserir Linhas na Planilha** e digite o novo produto (Pasta de dente).

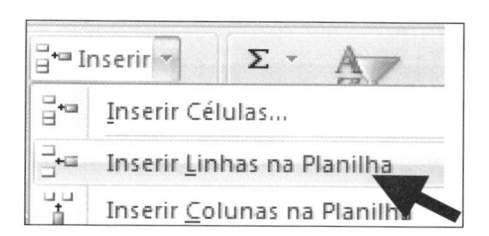

Figura 4.49

Pronto!!! Podemos inserir produtos ou itens esquecidos depois de criados de uma maneira rápida e simples, como vimos anteriormente.

	A	B
1	**Compras do Mês**	
2	**Produtos**	**Preços**
3	Sabonete	1.20
4	Macarrão	2.60
5	Tomate	2.00
6	Lâmpada	1.99
7	Frango	4.25
8	Total	

Figura 4.50

Inserir Colunas

Podemos inserir uma coluna para melhor comportar nossas informações. No nosso exemplo desejamos uma coluna de Data da Compra que fique entre as duas colunas já criadas.

Siga os passos:

Clique no local onde deseja inserir a coluna (Preço) + clique na guia Início e no grupo Células clique na opção **Inserir Colunas na Planilha** que está dentro do botão Inserir, como mostra a imagem abaixo.

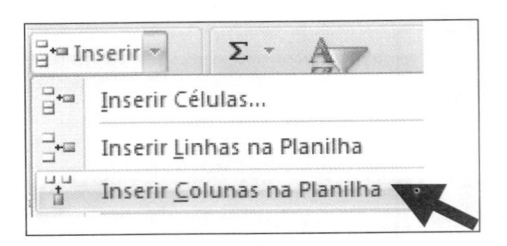

Figura 4.51

Tendo inserido uma nova coluna, podemos digitar a data de compra de cada produto.

	A	B	C
1	**Compras do Mês**		
2	**Produtos**	**Data da Compra**	**Preços**
3	Sabonete	10/1/2008	1.20
4	Pasta de Dente	10/1/2008	1.20
5	Macarrão	12/1/2008	2.60
6	Tomate	16/01/2008	2.00
7	Lâmpada	29/01/2008	1.99
8	Frango	20/01/2008	4.25
9	Total		

Figura 4.52

Excluir Linhas

Podemos apagar linhas de produtos que não desejamos mais. No nosso exemplo será a pasta de dente, seguindo os passos:

Primeiro Passo

Clique sobre alguma célula referente a esta linha.

	A	B	C
1		Compras do Mês	
2	Produtos	Data da Compra	Preços
3	Sabonete	10/1/2008	1.20
4	Pasta de Dente	10/1/2008	1.20

Figura 4.53

Segundo Passo

Clique na guia Início e no grupo Células clique na opção **Excluir Linhas da Planilha**, situada dentro do botão Excluir, como mostra a próxima imagem.

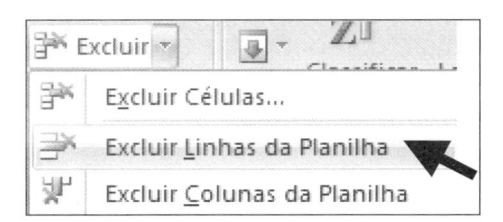

Figura 4.54

Excluir Colunas

Podemos excluir colunas que não desejamos mais. No nosso exemplo será a coluna de data de compra. Siga os passos:

Primeiro Passo

Clique sobre a coluna que deseja apagar.

	A	B	C	D
1		Compras do Mês		
2	Produtos	Data da Compra	Preços	
3	Sabonete	10/1/2008	1.20	
4	Pasta de Dente	10/1/2008	1.20	
5	Macarrão	12/1/2008	2.60	
6	Tomate	16/01/2008	2.00	
7	Lâmpada	29/01/2008	1.99	
8	Frango	20/01/2008	4.25	
9	Total			

Figura 4.55

Segundo Passo

Clique na guia **Início** e no grupo **Células** clique na opção **Excluir Coluna da Planilha** situada dentro do botão Excluir, como mostra a imagem abaixo.

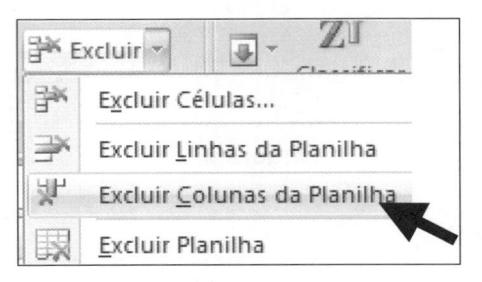

Figura 4.56

Pronto!!! Já não temos mais a coluna indesejada.

	A	B
1	**Compras do Mês**	
2	**Produtos**	**Preços**
3	Sabonete	1.20
4	Macarrão	2.60
5	Tomate	2.00
6	Lâmpada	1.99
7	Frango	4.25
8	Total	

Figura 4.57

Redimensionando

Como o próprio nome diz, este recurso altera a dimensão padrão das colunas e linhas que são feitas quando, ao digitar dados na célula, ocorrer a necessidade de aumentá-la para caber todo o conteúdo inserido.

Dimensionar Coluna

Para alterar a largura das colunas, siga os passos:

Primeiro Passo

 Clique sobre alguma célula da coluna que deseja alterar.

	A	B
1	**Compras do Mês**	
2	Produtos	Preços
3	Sabonete Líquid	1.20
4	Pasta de Dente	1.20

Figura 4.58

Segundo Passo

Clique na guia **Início** e no grupo **Células** clique na opção **Formatar** e depois clique em **Largura da Coluna**, como mostra a imagem abaixo.

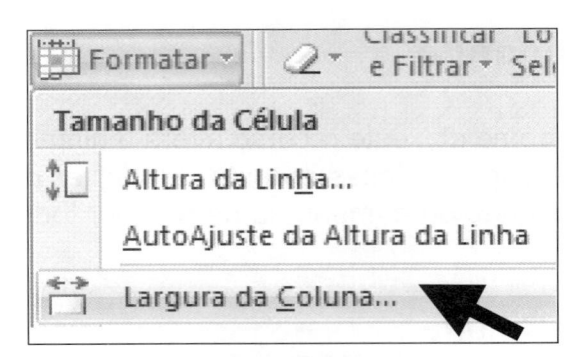

Figura 4.59

Terceiro Passo

Na janela que aparecerá digite o número da largura que deseja para esta coluna e clique no botão **OK** para finalizar esta operação.

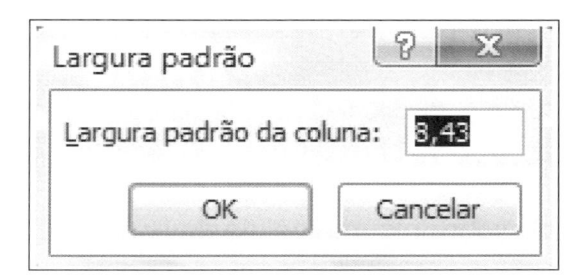

Figura 4.60

OBS.: Por padrão, a largura da coluna é 8,43.

Importante

Outra maneira de alterar a largura da coluna é clicar diretamente sobre a linha que separa as colunas, deixando pressionado o mouse e arrastando para onde desejar. Podemos observar que o Excel mostra a largura no momento em que estamos alterando o tamanho.

| F10 | ▼ | fx | Largura: 12,71 (94 pixels) |
A	B	C	D	E
1				
2		Martelo		
3		Prego		
4		Balde		
5		Tesoura		

Figura 4.61

Dimensionar Linha

Primeiro Passo

Clique sobre alguma célula da linha que deseja alterar.

	A	B
1	Compras do Mês	
2	Produtos	Preços
3	Sabonete Líquido	1.20
4	Pasta de Dente	1.20
5	Macarrão	2.60
6	Tomate	2.00
7	Lâmpada	1.99
8	Frango	4.25
9	Total	

Figura 4.62

Segundo Passo

Clique na guia Início e no grupo Células clique na opção **Formatar** e depois clique em **Altura da linha**, como mostra a imagem abaixo.

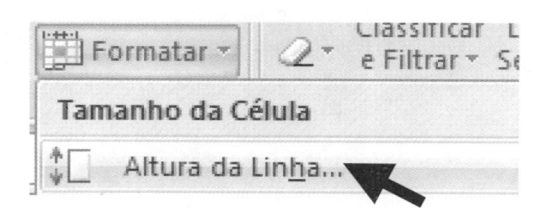

Figura 4.63

Terceiro Passo

Na janela que aparecerá, digite o número da altura que deseja para esta linha e clique no botão **OK** para finalizar esta operação.

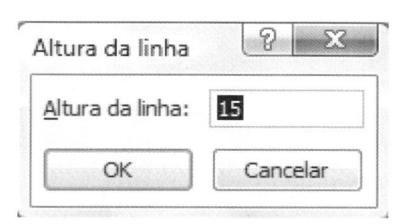

Figura 4.64

7	Lâmpada	1.99
8	Frango	4.25
9	Total	

Figura 4.65

Outra maneira de alterar a altura da linha é clicar diretamente sobre a linha que separa um número de linha do outro, deixando pressionado o botão esquerdo do mouse e arrastando para onde deseja.

	Nome	Data	Quant	Preço Unit
3				
4				
5	Martelo	12/6/2000	3	5,3
6	Prego	2/5/2000	5	0,03
7	Balde	7/9/2000	30	3,2

Altura: 18,75 (25 pixels)

Figura 4.66

Inserir, Excluir e Mover Planilha

Inserir Planilha

Como vimos no início do capítulo, o Excel fornece três planilhas, podendo acrescentar mais planilhas se for necessário. No Excel, podem ser acrescentadas várias planilhas até o limite suportado pela memória do computador.

Primeira Maneira

Para inserir uma planilha, siga os passos:

Primeiro Passo

Clique no botão **Inserir Planilha**, como mostra a imagem abaixo.

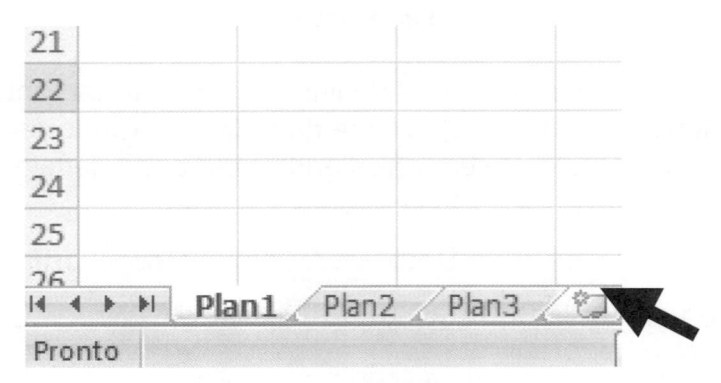

Figura 4.67

Segunda Maneira

Primeiro Passo

Clique na guia **Início** e no grupo **Células** clique na opção **Inserir** e depois clique em **Inserir Planilha**, como mostra a próxima imagem.

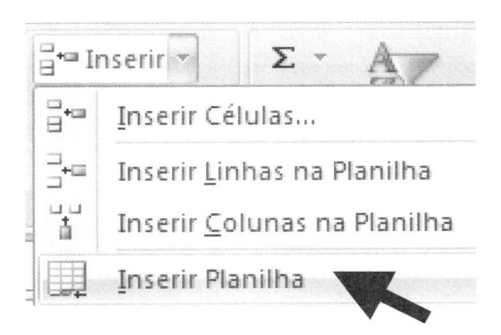

Figura 4.68

Excluir Planilha

Podem ser excluídas planilhas que não estão sendo utilizadas. Siga os passos:

Primeiro Passo

Clique sobre a planilha que deseja excluir.

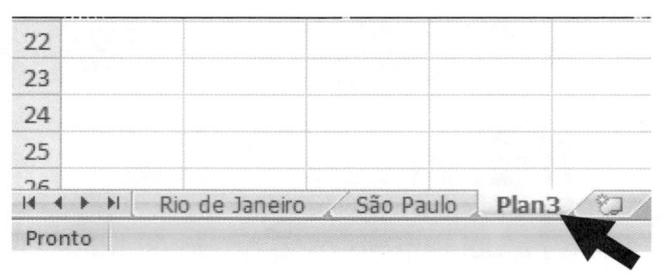

Figura 4.69

Segundo Passo

 Clique na guia **Início** e no grupo **Células** clique na opção **Excluir** e depois clique em **Excluir Planilha**, como mostra a próxima imagem.

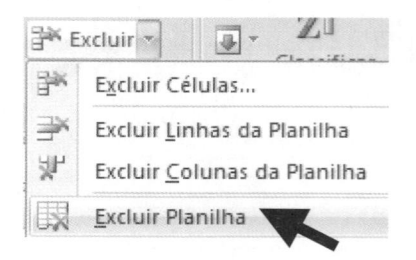

Figura 4.70

Havendo conteúdo na planilha, aparecerá a janela ilustrada a seguir, para confirmar se deseja realmente excluir esta planilha, lembrando que, depois de excluída, a planilha não poderá ser recuperada.

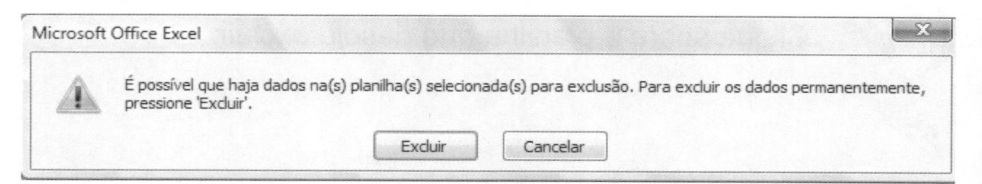

Figura 4.71

Mover Planilha

Podem ser movidas as planilhas, ordenando-as conforme a nossa necessidade.

Para mover uma planilha, siga os passos:

Primeiro Passo

Clique sobre a guia da planilha que deseja mover (ex: Plan1), deixando o botão esquerdo do mouse pressionado.

Figura 4.72

Segundo Passo

Arraste até o posicionamento que desejar (ex: depois da Plan2).

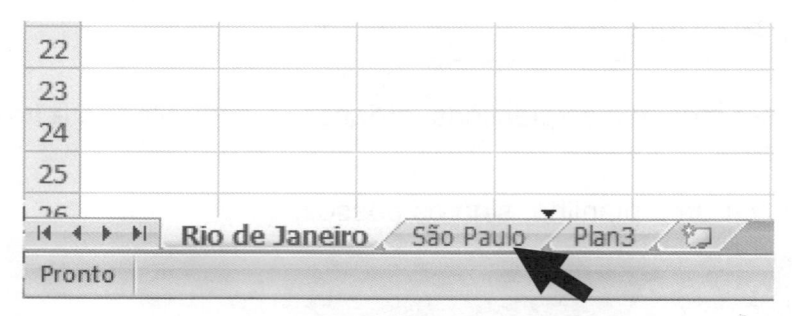

Figura 4.73

Modificar o Nome da Planilha

O nome da planilha pode ser modificado para facilitar a sua identificação, clicando duplamente sobre a guia da planilha e escrevendo o novo nome.

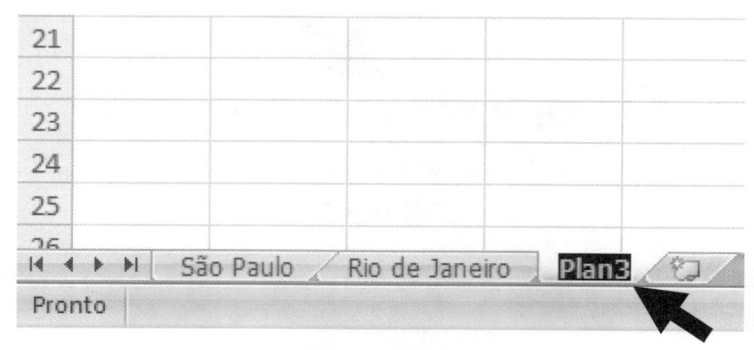

Figura 4.74

Fórmula

As fórmulas são ferramentas fornecidas pelo Excel que efetuam várias operações como: subtração, adição, multiplicação e muitas outras, como em uma calculadora.

A fórmula do Excel começa com um sinal de igual (=) seguido do cálculo da fórmula.

Exemplo: =A10+E22

Operadores em Fórmulas

Os operadores que podem ser utilizados na criação das fórmulas são:

ↄ Operadores Aritméticos

Fazem operações básicas de matemática, como subtração, adição ou multiplicação.

Exemplos:

+	(Operador de adição)	=9+6
–	(Operador de subtração)	=9–6
*	(Operador de multiplicação)	=9*6
/	(Operador de divisão)	=9/3
^	(Operador de Exponenciação)	=10^2

ↄ Operadores de Comparação

Comparam dois valores e produzem o valor lógico "VERDADEIRO" ou "FALSO".

Exemplo:

=	(Operador de igual)	A1=B1
>	(Operador de maior do que)	A1>B1
<	(Operador de menor do que)	A1<B1
>=	(Operador de maior ou igual a)	A1>=B1

<= (Operador de menor ou igual a)   A1<=B1

<> (Operador de diferente)   A1<>B1

➲ **Operadores de Referência**

Combinam intervalos de células para cálculos.

Exemplo:

: (dois pontos) – Grupo de células entre dois endereços de células.

Ex.: B3:E3

; (ponto-e-vírgula) – Combina diferentes referências em uma única referência.

Ex.: =SOMA(B5:B15;D5:D15)

Sintaxe da Fórmula

No Excel, as fórmulas seguem um padrão que inclui um sinal de igual (=) para começar, seguido do endereço da célula que é o local onde está o valor que deseja, acrescentando o operador e digitando os outros endereços de células.

Ex.: =B3+C3

No exemplo acima o Excel está somando o conteúdo da célula B3 com o conteúdo da célula C3.

> **Obs.:** Por padrão, o Excel calcula a fórmula da esquerda para a direita, iniciando com o sinal de igual (=). No exemplo a seguir, primeiro será feita a adição e depois a multiplicação.
> Ex.: **=5+2*3**

Será feito o exemplo a seguir para maior compreensão.

◢	A	B	C
1	**Compras do Mês**		
2	Produtos	Preços	
3	Sabonete Líquido	1.20	
4	Macarrão	2.60	
5	Tomate	2.00	
6	Lâmpada	1.99	
7	Frango	4.25	
8	Total	=B3+B4+B5+B6+B7	

Figura 4.75

Neste exemplo, existe uma lista de produtos que devem ser somados utilizando a fórmula.

Importante

A fórmula pode variar de acordo com o posicionamento das células. No exemplo anterior, os valores estavam nas células B3, B4, B5, B6 e B7. Isso não significa que têm a obrigação de estar nestas células. Dependendo de onde estejam os seus valores, será criada a sua fórmula.

Criando Funções

As funções nada mais são do que fórmulas simplificadas que facilitam o cálculo de grandes listas.

Imagine a soma de uma listagem de 5000 produtos. Seria muito desgastante efetuar esta soma através da fórmula, entretanto, utilizando funções esse somatório será feito automaticamente.

Serão listadas, a seguir, algumas das principais funções com a sua sintaxe e exemplo:

Soma

Faz o Somatório.

Sintaxe	*Exemplo*
=Soma(intervalo)	=Soma(B3:C3)
=Soma(intervalo;intervalo)	=Soma(B3:B6;E3:E6)

Média

Tira a Média.

Sintaxe	*Exemplo*
=Média(intervalo)	=Média(B3:C3)
=Média(intervalo;intervalo)	=Média(B3:B6;E3:E6)

Máximo

Mostra o Maior Valor.

Sintaxe	*Exemplo*
=Máximo(intervalo)	=Máximo(B3:C3)
=Máximo(intervalo;intervalo)	=Máximo(B3:B6;E3:E6)

Mínimo

Mostra o Menor Valor.

Sintaxe	*Exemplo*
=Mínimo(intervalo)	=Mínimo(B3:C3)
=Mínimo(intervalo;intervalo)	=Mínimo(B3:B6;E3:E6)

Cont.núm

Mostra a quantidade de números.

Sintaxe	*Exemplo*
=Cont.núm(intervalo)	=Cont.núm(B3:C3)
=Cont.núm(intervalo;intervalo)	=Cont.núm(B3:B6;E3:E6)

Somase

Soma os Valores de Condição Verdade.

Sintaxe

=Somase(intervalo;"condição";intervalo)
Exemplo

=Somase(c1:c4;">5";c1:c4)

Será feito o exemplo a seguir para uma melhor compreensão de funções:

Neste exemplo, deve ser somada uma lista de valores para o fechamento do caixa. Se tivesse que utilizar a fórmula, ficaria muito cansativo, pois teria que colocar todos os endereços de células (ex.: =B4+B5+B6+B7+ B8+ B9+ B10+ B11).

Utilizando a função "soma", só precisa colocar a primeira e a última célula separadas por dois pontos (:) que, automaticamente, a função somará da primeira célula até a última.

	A	B
1	**Roupas Belas**	
2		
3	**Vendedor**	**Valor**
4	Alex	845
5	Ana	231,3
6	Daniel	632,65
7	Fábio	962,35
8	Jaqueline	625
9	Márcio	100
10	Paula	562,3
11	Raquel	512
12	Total	=soma(B4:B11)
13		

Figura 4.76

Cópia de Funções e Fórmulas

As funções ou fórmulas podem ser copiadas automaticamente para mais de um item, poupando a criação de uma fórmula para cada item.

Exemplo:

Uma escola onde uma só turma contém 60 alunos, cujas notas devem ser somadas individualmente.

Foi aprendido que podem ser utilizadas funções para fazer cálculos de uma maneira mais prática e rápida. Mesmo assim, teria que ser feita uma função para cada aluno, certo? "ERRADO!!!", pode ser criada uma função para calcular as notas do primeiro aluno e automaticamente copiá-la para os outros utilizando a cópia de função ou fórmula.

Será feito um exemplo para melhor compreender este tópico.

	A	B	C	D	E	F	G
1			**Escola Gênesis**				
2							
3	*Nomes*	*Nota1*	*Nota2*	*Nota3*	*Nota4*	*Total*	*Média*
4	Waldemar	10	6	4	9		
5	Waldir	3	8	6	6		
6	Jurandir	5	5	8	8		
7	Rodsom	6	4	9	7		
8	Gustavo	8	9	7	9		
9	Calos	6	9	7	8		
10	Ricardo	4	8	8	5		
11	Pedro	7	7	6	6		
12	Paulo	7	6	5	9		
13	Alexandre	8	5	9	8		
14	Juan	6	3	5	8		

Figura 4.77

Nesta planilha, deve-se encontrar o total que corresponde ao somatório das notas dos alunos.

Para começar some as notas do primeiro aluno, "Waldemar", clicando no local correspondente ao total e escrevendo a função de somatório que será a função **Soma**.

> No nosso exemplo, a função ficará assim: *=soma(B4:E4)*

	A	B	C	D	E	F	G
1				Escola Gênesis			
2							
3	*Nomes*	*Nota1*	*Nota2*	*Nota3*	*Nota4*	*Total*	*Média*
4	Waldemar	10	6	4	9	=SOMA(B4:E4)	

Figura 4.78

Após terminar de digitar a função, pressione **Enter** para finalizar.

Agora que possui o resultado do primeiro aluno, você pode copiar a função soma para os outros alunos. O Excel arrumará a fórmula automaticamente para os outros alunos.

Ex.: No "Waldemar" a função ficará assim: *=soma(B4:E4)*. No "Waldir" fica assim: *=soma(B5:E5)*.

Para copiar a função, siga os passos:

Primeiro Passo

Clique sobre a função já pronta do primeiro item.

Segundo Passo

Posicione o mouse sobre a alça da célula, como mostra a figura, clique, deixe pressionado o botão esquerdo do mouse e arraste para todos os outros itens.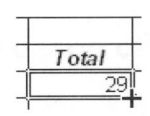

Depois de feito o somatório, deve tirar as médias. Pode ser escrita a função da média manualmente ou utilizar o botão média para que, assim como a soma que foi feita de uma maneira automática utilizando o comando "Soma", podemos utilizar os botão Média para facilitar este procedimento.

ꙩ Média Manual

Para tirar a média, clique no local de onde deseja que saia a média do "Waldemar" e digite a função que, no nosso exemplo, será: *=média(B4:C4)*.

	A	B	C	D	E	F	G	H
1			Escola Gênesis					
2								
3	Nomes	Nota1	Nota2	Nota3	Nota4	Total	Média	
4	Waldemar	10	6	4	9		29	=média(B4:E4)
5	Waldir	3	8	6	6		23	

Figura 4.79

ꙩ Média Automática

Clique no local onde deseja inserir a média dos alunos e clique no botão **Média**.

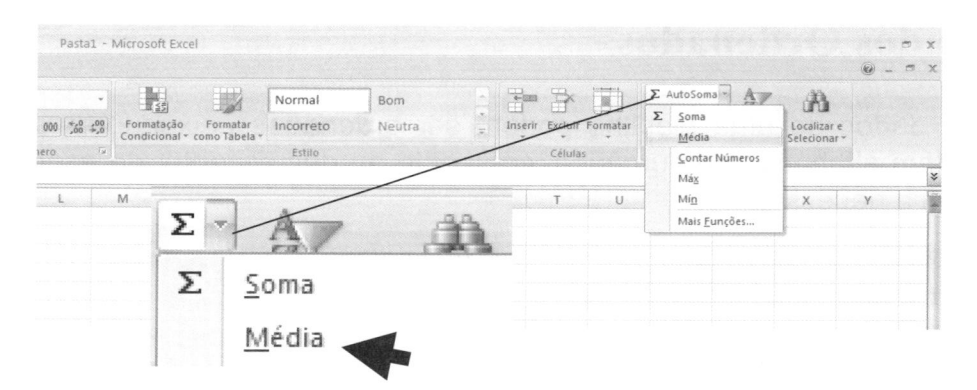

Figura 4.80

Selecione os valores de cuja média deseja calcular e pressione **Enter** no teclado. No nosso exemplo serão as quatro notas do aluno, para que o Excel tire a média dessas notas.

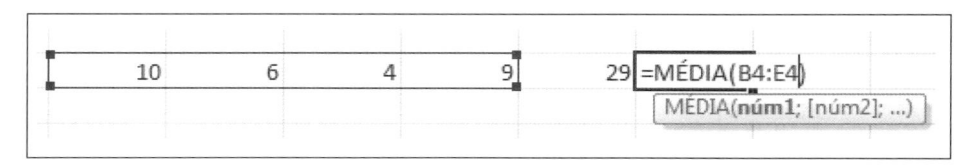

Figura 4.81

 **DICA:** Assim como utilizamos a média automática, podemos utilizar a opção "Autosoma" para fazer os somatórios necessários sem a necessidade de escrever a função manualmente.

Dados Ordenados

Os dados de uma planilha podem ser ordenados deixando-os por ordem alfabética ou numérica, crescente ou decrescente, de acordo com a necessidade.

Primeiro Passo

Selecione a lista que deseja alterar, lembrando que deve ser selecionado todo o conteúdo desta lista, como valor do produto, nota do aluno e assim por diante.

	A	B	C
1	Compras do Mês		
2	Produtos	Preços	
3	Sabonete Líquido	1,2	
4	Pasta de Dente	1,2	
5	Macarrão	2,6	
6	Tomate	2	
7	Lâmpada	1,99	
8	Frango	4,25	
9	Total		

Figura 4.82

Segundo Passo

Na guia **Início** e no grupo **Células** clique na opção **Classificar e Filtrar** e depois escolha a opção desejada, que no nosso exemplo será **Classificar de A a Z**.

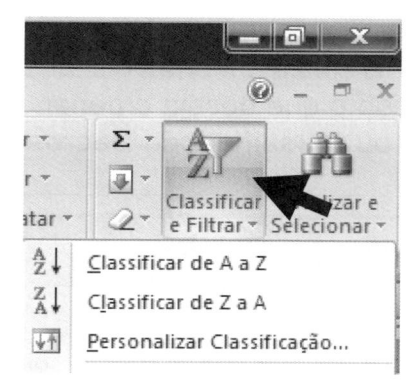

Figura 4.83

DICA:  Quando se deseja colocar uma lista de dados ordenados, não pode ser esquecido de selecionar o que deseja ordenar e tudo o que se refere a esta lista (data, preço...) ou, então, serão ordenados somente os nomes e o que estava referente a eles ficará no mesmo lugar.

5	Martelo	12/6/2000	3	5,3
6	Prego	2/5/2000	5	0,03
7	Balde	7/9/2000	30	3,2
8	Tesoura	7/8/2000	12	7,89
9	Alicate	3/9/2000	10	12,3
10	Lixa	1/1/2000	23	3
11	Serrote	6/8/2000	50	25
12	Cimento	6/4/2000	4	8,6
13	Parafuso	3/7/2000	6	0,1
14	Broca	2/2/2000	3	3,25

Figura 4.84

OBS.: Caso sua lista contenha uma célula com dados diferentes das demais células (ex.: célula com os dados escritos com letras maiúsculas), o Excel não conseguirá ordenar esta célula.

Pode ser determinada qual coluna será ordenada, pressionando a tecla *TAB* no teclado até a célula em branco ficar sobre a coluna que deseja ordenar. Escolhido o que deseja ordenar, clique no botão **Classificação Crescente** ou **Classificação Decrescente**.

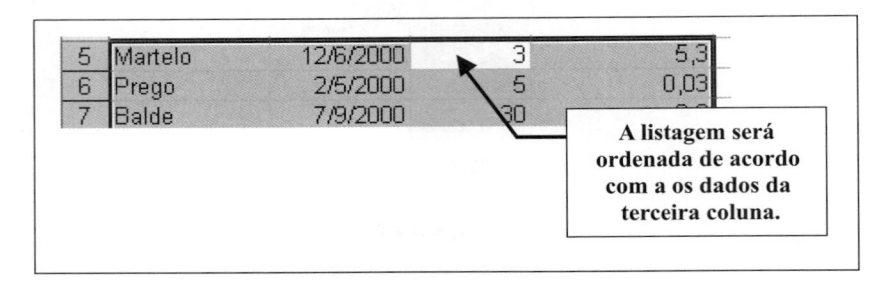

Figura 4.85

Aplicando Estilos

➲ Estilo de Moeda

Coloca os valores em formato de moeda.

Para aplicar este formato, selecione as células em que deseja aplicar este estilo e clique no botão **Estilo de Moeda**.

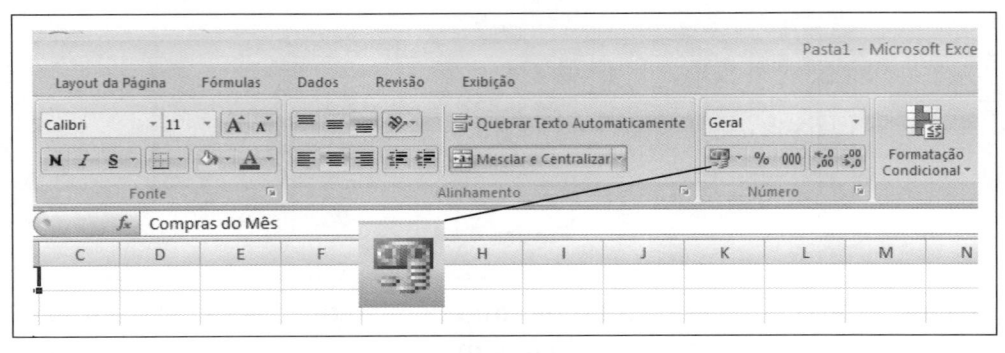

Figura 4.86

R$ 10.000,00
R$ 3.500,00
R$ 23.000,00
R$ 10.800,00

Figura 4.87

➲ Estilo de Porcentagem

Coloca os valores em formato de porcentagem.

Para aplicar este formato, selecione as células em que deseja aplicar este estilo e clique no botão **Estilo de Porcentagem**.

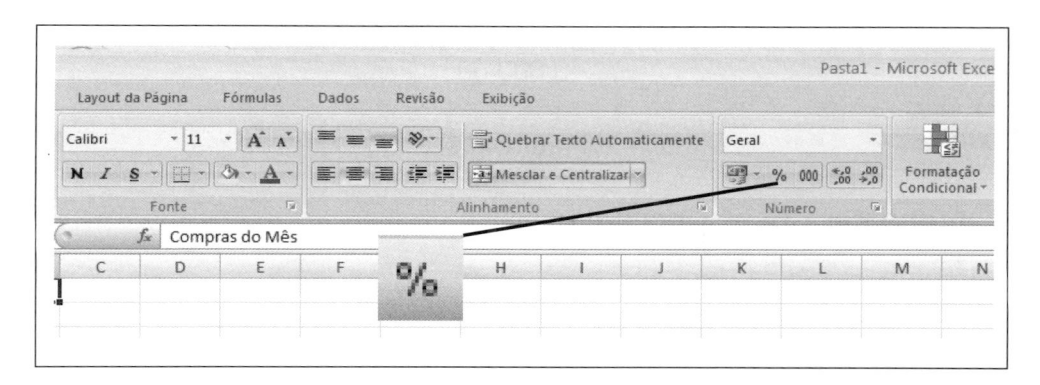

3%
40%
5%
1000%

Figura 4.88

➲ Separador de Milhares

Separa os valores em milhares.

Para aplicar este formato, selecione as células em que deseja aplicar este estilo e clique no botão **Separador de Milhares**.

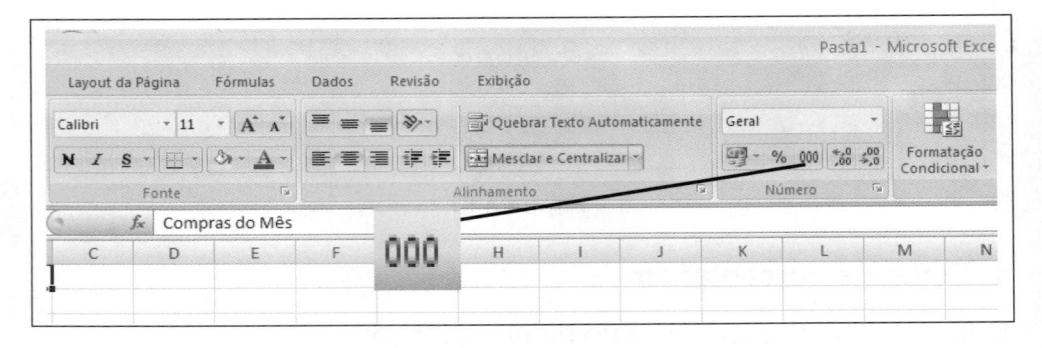

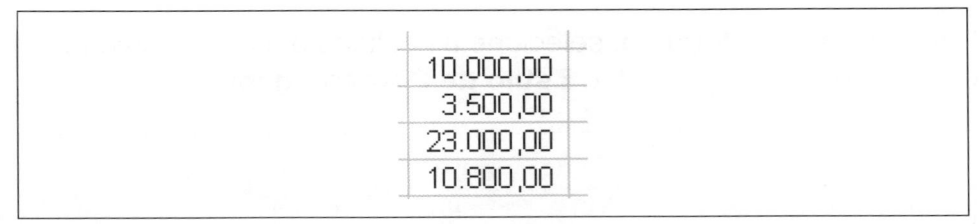

Figura 4.89

➲ Aumentar Casas Decimais

Aumenta as casas decimais dos valores selecionados.

Para aplicar este formato, selecione as células em que deseja aplicar este estilo e clique no botão **Aumentar Casas Decimais**.

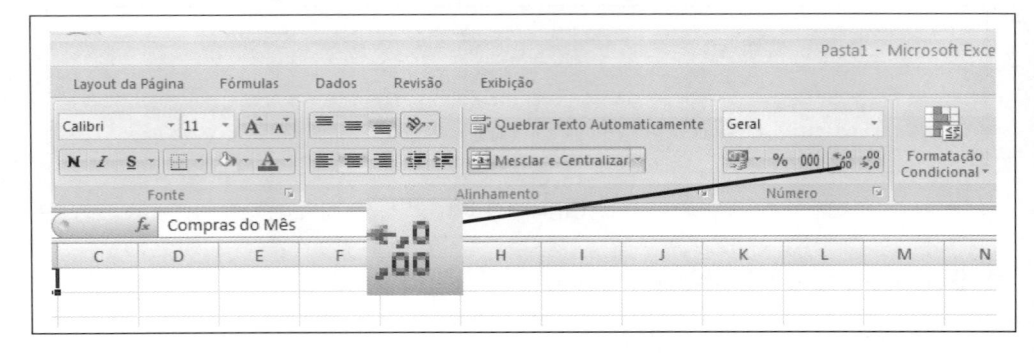

Média
7,250
5,750
6,500
6,500

Figura 4.90

⊃ Diminuir Casas Decimais

Diminui as casas decimais dos valores selecionados.

Para aplicar este formato, selecione as células em que deseja aplicar este estilo e clique no botão **Diminuir Casas Decimais**.

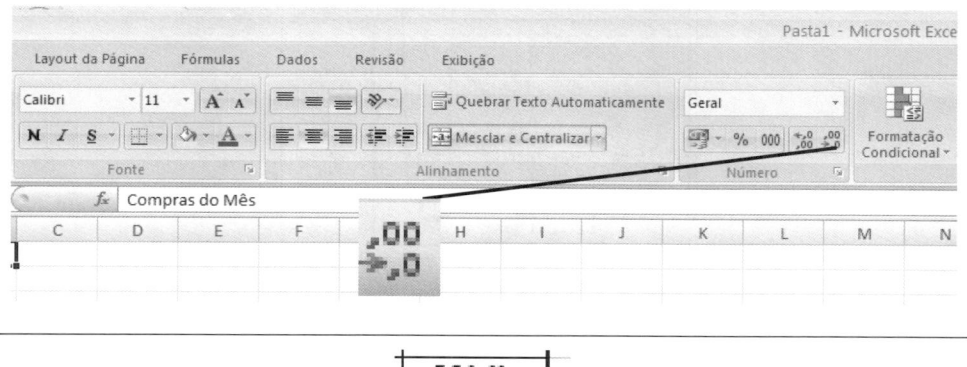

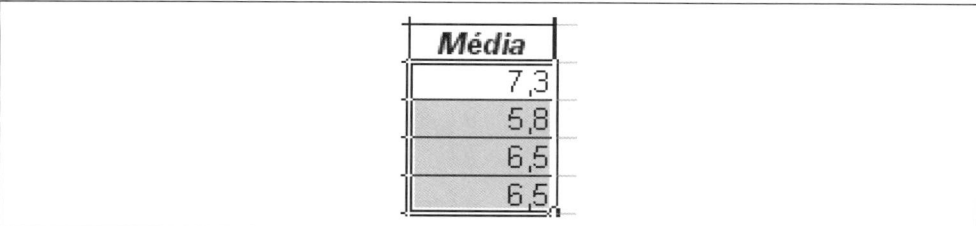

Média
7,3
5,8
6,5
6,5

Figura 4.91

Bordas

Através deste recurso, pode ser aplicada uma melhor apresentação ao nosso trabalho.

Para adicionar uma borda siga os passos:

Primeira Maneira

A primeira maneira seria escolher o tipo de borda através do botão **Borda** que está situado na guia **Início** no grupo **Fonte**, não se esquecendo de selecionar as células em que deseja aplicar esta borda.

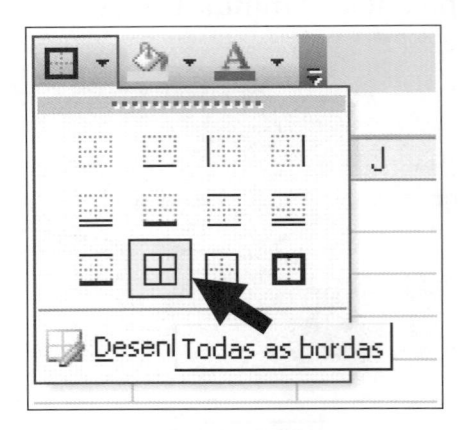

Figura 4.92

Segunda Maneira

Primeiro Passo

Selecione a célula ou conjunto de células em que deseja aplicar a borda.

Segundo Passo

Na guia **Início** no grupo **Células** clique na opção **Formatar** e depois clique em **Formatar Células**.

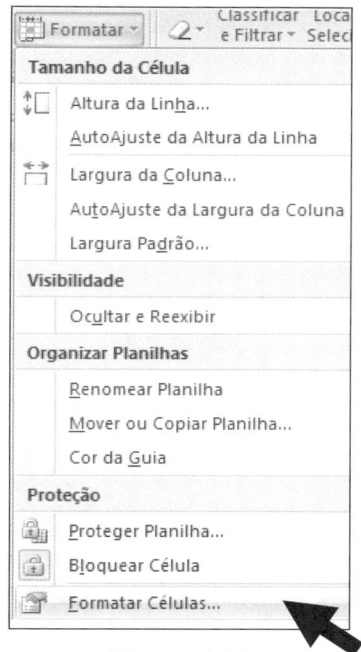

Figura 4.93

Terceiro Passo

Clique na guia **Borda**.

Nesta janela, podem ser definidos o estilo da linha, a sua cor...

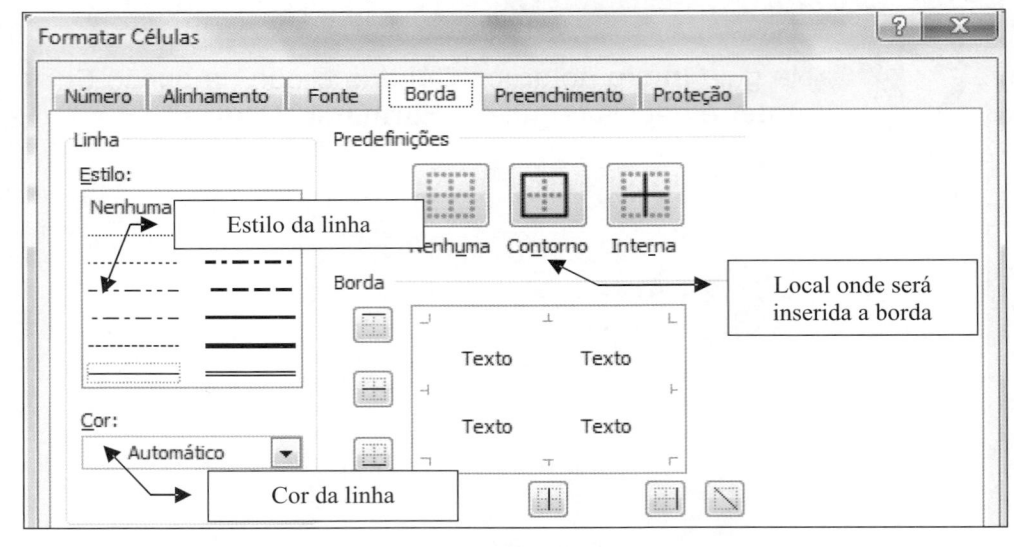

Figura 4.94

Gráfico

Este é, sem dúvida, um dos recursos mais interessantes do Excel. Possibilita a representação dos dados criados na planilha em formato de gráficos, facilitando e mostrando os dados de uma maneira clara e profissional.

Primeiro Passo

Para iniciar a criação de gráficos, será utilizada a planilha a seguir para uma maior compreensão.

◢	A	B	C
1	Compras do Mês		
2	Produtos	Preços	
3	Sabonete Líquido	1,2	
4	Pasta de Dente	1,2	
5	Macarrão	2,6	
6	Tomate	2	
7	Lâmpada	1,99	
8	Frango	4,25	
9	Total		

Figura 4.95

No nosso exemplo, desejamos mostrar os produtos e seus preços.

Segundo Passo

 Estando os produtos e seus valores selecionados, na guia **Inserir**, escolha um tipo de gráfico no grupo **Gráficos** como mostra a imagem abaixo.

Figura 4.96

Como exemplo clique no tipo Pizza, como mostra a próxima imagem.

Figura 4.97

Terceiro Passo

Clique em um tipo de pizza, por exemplo Pizza 3D, como mostra a próxima imagem.

Figura 4.98

Pronto!!! O gráfico já está pronto, podendo fazer alterações de acordo com o gosto e a necessidade do usuário.

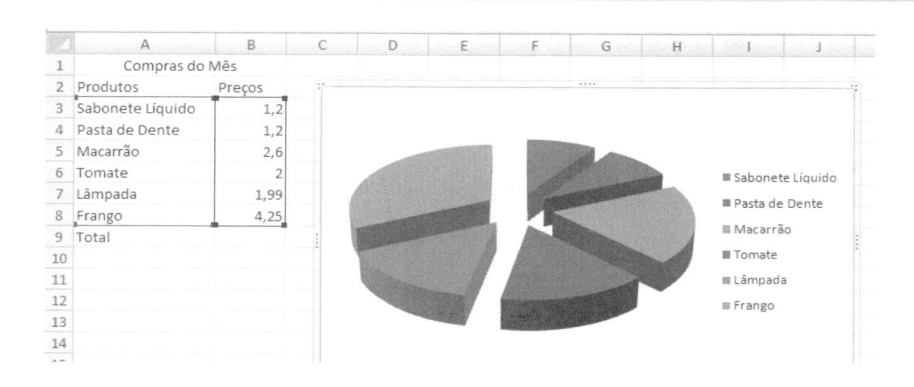

Figura 4.99

Ferramentas de Gráfico

Quando estamos com um gráfico selecionado, o Excel oferece três guias que contêm várias funções para serem aplicadas ao gráfico já criado.

Figura 4.100

➲ Guia Design

Através desta guia podem ser alterados vários designs dos gráficos deixando-os de acordo com a necessidade exigida pelo trabalho.

Figura 4.101

Principais funções da Guia Design:

 ### Alterar Tipo de Gráfico

Com este recurso pode ser alterado o tipo de gráfico inicialmente escolhido, testando outras aplicações.

Nesta tela, pode ser escolhido do lado esquerdo um novo tipo de gráfico e do lado direito as diversas variações desse tipo. Para finalizar clica-se em **OK**.

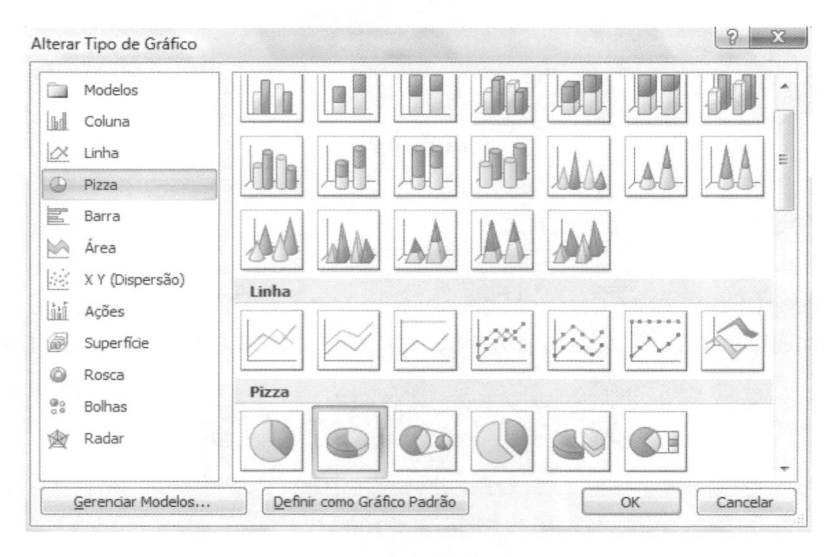

Figura 4.102

 ### Salvar como Modelo

Nesta opção podem ser salvos como modelo as alterações e recursos escolhidos para o gráfico para um uso futuro, sem a necessidade de fazer todas as alterações novamente.

Alternar
Linha/Coluna **Alterar Linha/Coluna**

Cada gráfico utiliza uma concepção para a representação de seus dados, podendo ser necessário o uso deste recurso para uma melhor disposição dos dados no gráfico, como ilustra a imagem.

Figura 4.103

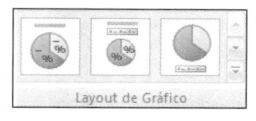 **Layout de Gráfico**

Com este recurso pode ser alterada a disposição em que os dados serão apresentados no gráfico.

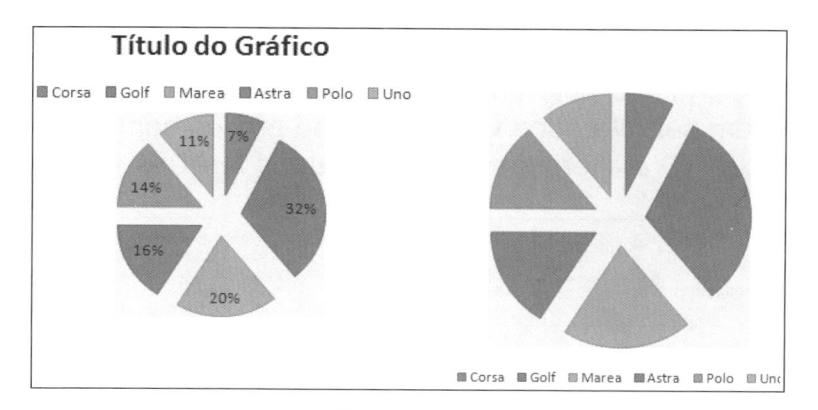

Figura 4.104

Estilo de Gráfico

Pode ser alterado o estilo de gráfico entre as várias opções que este item oferece.

Figura 4.105

➜ Guia Layout

Caso seja permitido pelo tipo de gráfico escolhido, através da guia layout podem ser alterados vários itens do gráfico como legenda, rótulos, rotação 3D e alteração de várias outras funções.

Figura 4.106

⊃ Guia Formatar

Altera-se nesta guia recursos como formatação de texto, linha, contorno e muitos outros.

Figura 4.107

Configurando Página

Podem ser alteradas as configurações da página moldando-as de acordo com a nossa necessidade. Siga os passos:

Primeiro Passo

Clique na guia **Layout da Página**.

Segundo Passo

Clique na opção **Mostrar a Caixa de Diálogo Configurar Página**.

Figura 4.108

⊃ Guia Página

Na guia **Página**, podem ser definidos o tamanho e a orientação do papel que será usado no trabalho. (ex.: A4...).

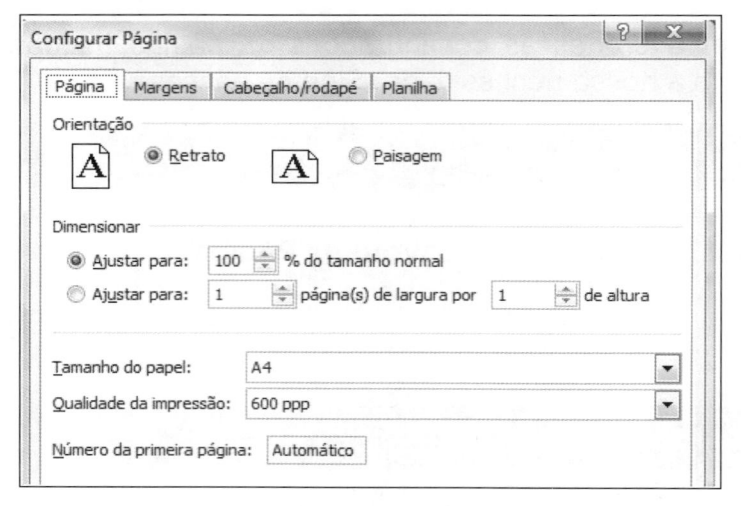

Figura 4.109

Nesta opção, pode ser definido um tamanho personalizado para o papel.

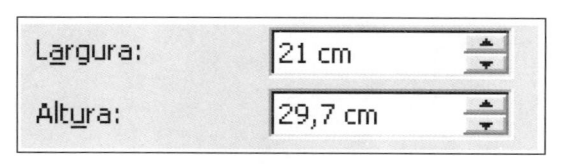

Figura 4.110

➲ Guia Margem

Nesta tela, podem ser definidas as margens do trabalho (Superior, Inferior, Esquerda, Direita).

Figura 4.111

➲ Guia Cabeçalho/Rodapé

Esta guia apresenta a possibilidade da criação de um cabeçalho e um rodapé para nossa pasta de trabalho do Excel.

Figura 4.112

Dica:  Dentro do grupo Configurar Página situado na guia Layout de Página, existem várias alterações da configuração de página que podem ser utilizadas sem a necessidade de entrar na caixa de diálogo.

Imprimindo

No Excel, pode ser impressa a pasta de trabalho aplicando alguns recursos. Veja quais.

Para imprimir, siga os seguintes passos:

Primeiro Passo

 Abra a pasta de trabalho já pronta.

(**Obs**.: Se já estiver abertas pule este passo.).

Segundo Passo

 Acesse o botão **Office** e clique na opção **Imprimir**, onde poderá escolher o que deseja.

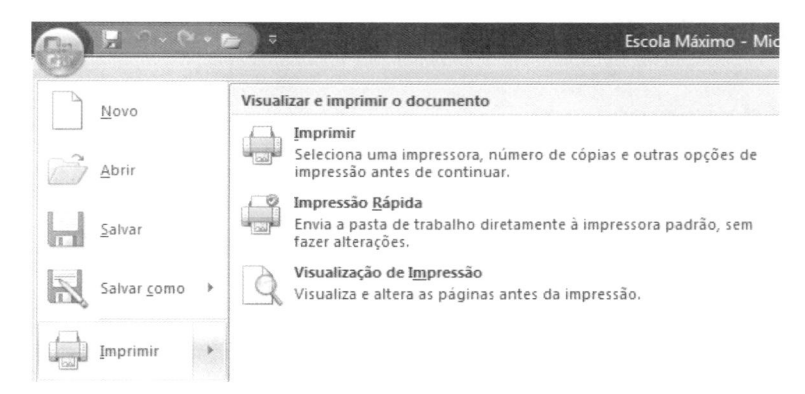

Figura 4.113

➲ Imprimir

Nesta opção podem ser escolhidos vários recursos para a impressão.

 Imprimir
Seleciona uma impressora, número de cópias e outras opções de impressão antes de continuar.

Nesta janela, configure a impressão da sua pasta de trabalho.

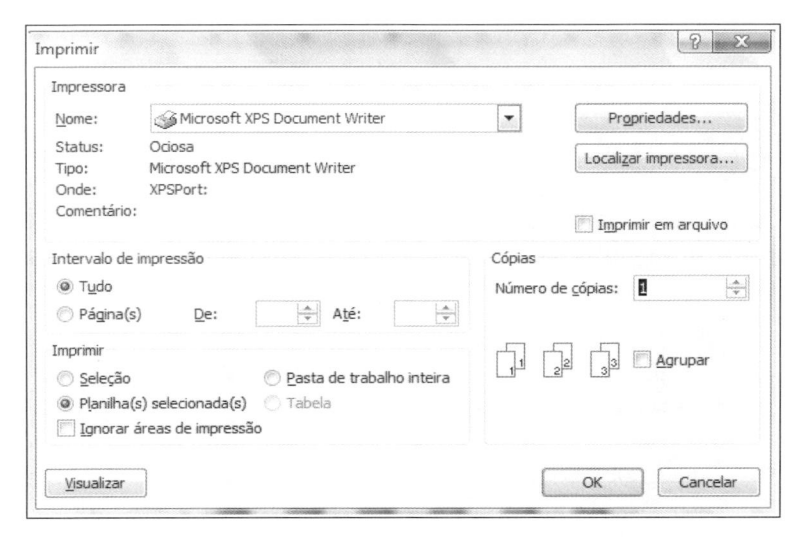

Figura 4.114

Possíveis Ajustes

➲ Nome da impressora

Determinamos, nesta opção, em qual impressora será impresso o seu trabalho.

➲ Intervalo de impressão

Tudo – Imprime todo o conteúdo.

Página(s) – Imprime somente as páginas que deseja (muito utilizado quando não se quer imprimir toda a pasta de trabalho, mas apenas uma ou mais folhas).

Figura 4.115

➲ Imprimir

Nesta opção, é escolhido se deseja imprimir somente o que estiver selecionado, a planilha selecionada ou a pasta de trabalho inteira.

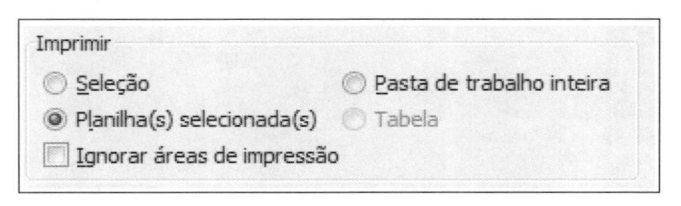

Figura 4.116

↪ Cópias

Número de cópias – Nesta opção, podem ser escolhidas quantas cópias serão impressas do trabalho.

Agrupar – Estando esta opção selecionada, imprime-se uma cópia completa antes de imprimir a segunda (facilitando na hora da encadernação).

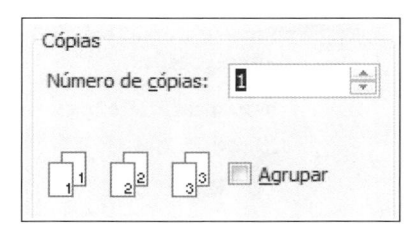

Figura 4.117

Visualizar Impressão

Utilizando este recurso, será observado como ficará o trabalho quando impresso.

 Visualização de Impressão
Visualiza e altera as páginas antes da impressão.

Figura 4.118

Para utilizar este recurso siga os passos:

Clique no botão **Office**, depois clique em **Imprimir** e, para finalizar, clique em **Visualização de Impressão**.

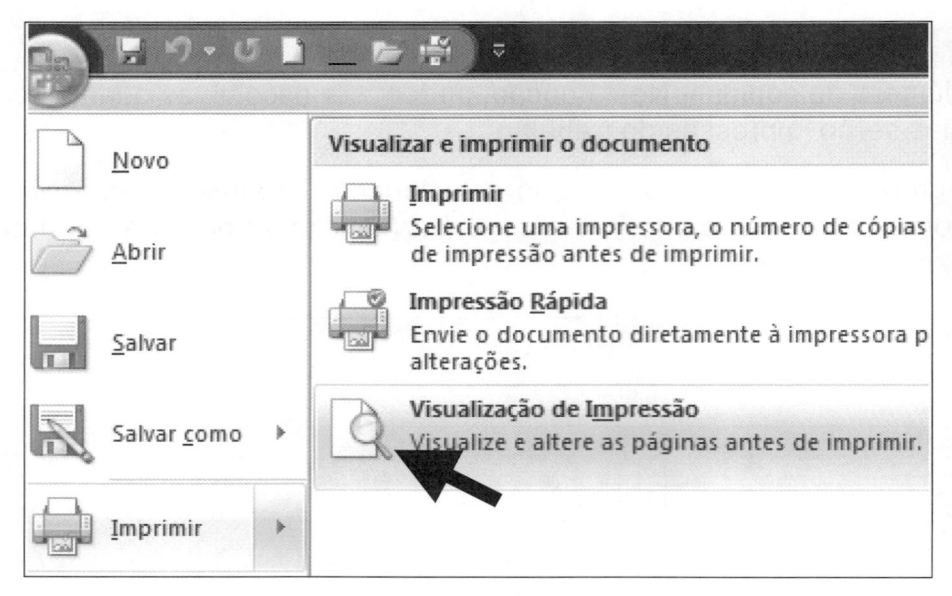

Figura 4.119

Nesta tela temos uma visualização do trabalho.

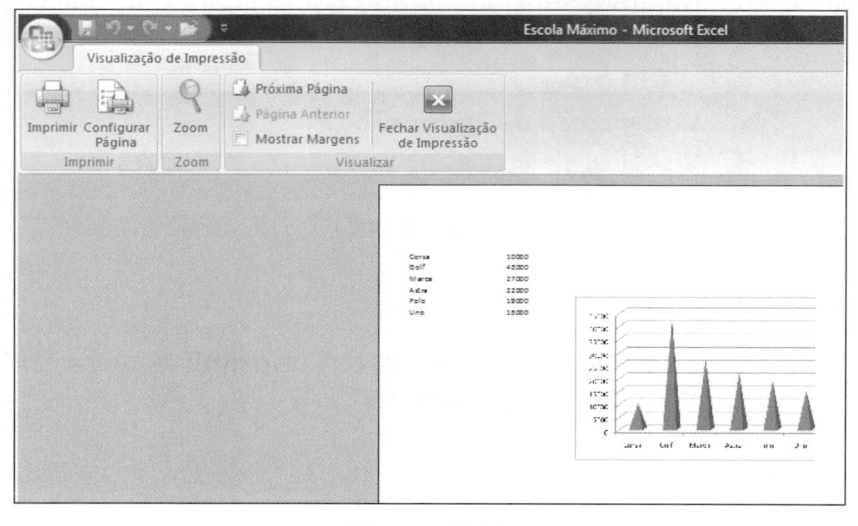

Figura 4.120

◒ **Para fechar a visualização clique no botão**

Para fechar com chave de ouro este capítulo, colocaremos abaixo algumas idéias de planilhas que podem ser feitas para facilitar e controlar suas despesas.

Trabalhos Finais

Faremos agora algumas atividades que você pode realizar no seu dia-a-dia.

◒ **Fechamento das despesas do mês**

Com esta planilha poderá controlar as despesas do mês, colocando uma a uma e depois achar esse total.

	A	B
1	**Despesas do Mês**	
2	Itens	Valores
3	Condomínio	R$ 100.00
4	Água	R$ 30.00
5	Luz	R$ 120.00
6	Telefone	R$ 68.00
7	Tv por assinatura	R$ 89.30
8	Passeios	R$ 120.00
9	Outros	R$ 20.00
10	Total das despesas	

Figura 4.121

Depois de preenchidos os dados e aplicadas as formatações desejadas, como modificar o tipo de letra, tamanho e outras alterações, podemos criar a fórmula que, no nosso exemplo, será **=SOMA(*primeiro valor das despesas*:*último valor das despesas*)**, ou seja, **=SOMA(B3:B9)**

	A	B
1	**Despesas do Mês**	
2	Itens	Valores
3	Condomínio	R$ 100.00
4	Água	R$ 30.00
5	Luz	R$ 120.00
6	Telefone	R$ 68.00
7	Tv por assinatura	R$ 89.30
8	Passeios	R$ 120.00
9	Outros	R$ 20.00
10	Total das despesas	=SOMA(B3:B9)

Figura 4.122

Pronto!!! Já podemos controlar nossas despesas com tranqüilidade e facilidade.

	A	B
1	**Despesas do Mês**	
2	Itens	Valores
3	Condomínio	R$ 100.00
4	Água	R$ 30.00
5	Luz	R$ 120.00
6	Telefone	R$ 68.00
7	Tv por assinatura	R$ 89.30
8	Passeios	R$ 120.00
9	Outros	R$ 20.00
10	Total das despesas	R$ 547.30

Figura 4.123

DICA:  Se não quiser escrever a fórmula, clique no local onde deseja que apareça o total e clique no AutoSoma, como mostra a imagem abaixo.

Primeiro Passo: Clique no local onde deseja o total	Segundo Passo: Clique o botão autosoma
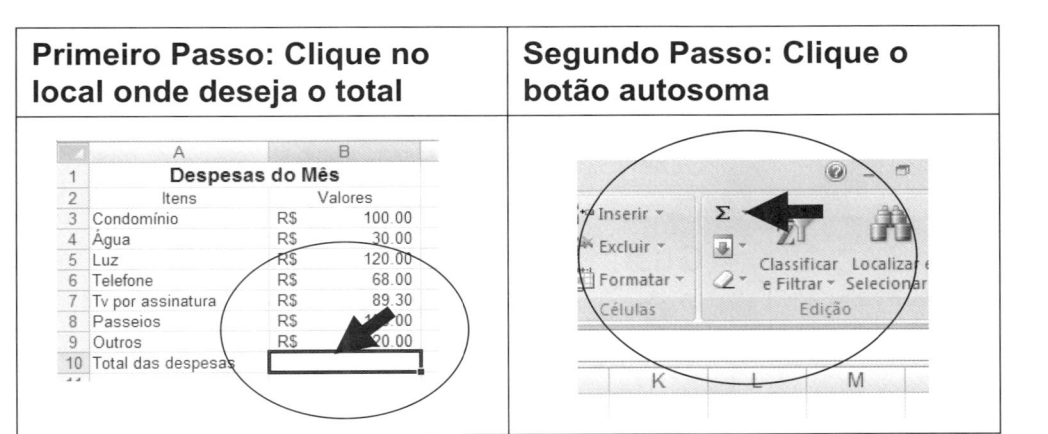	

Pronto!! Foi criada a função automaticamente, onde podemos saber o total das despesas.

	A	B
1	**Despesas do Mês**	
2	Itens	Valores
3	Condomínio	R$ 100.00
4	Água	R$ 30.00
5	Luz	R$ 120.00
6	Telefone	R$ 68.00
7	Tv por assinatura	R$ 89.30
8	Passeios	R$ 120.00
9	Outros	R$ 20.00
10	Total das despesas	R$ 547.30

Figura 4.124

➲ Agenda

Apesar do Excel ser uma planilha para cálculos, nada impede que você crie uma agenda telefônica com o número dos seus amigos e parentes.

	A	B
1	**Agenda**	
2	**Nomes**	**Telefone**
3	Joana	2525-6565
4	Carolina	1212-6565
5	Gustavo	2020-8585
6	Pedro	4545-9696
7	Márcio	3215-9696

Figura 4.125

➲ Total de mais de um produto

Podemos criar uma planilha de gastos que contenha o somatório da quantidade de mais de um protudo.

	A	B	C	D
1	**Gastos com obras**			
2	**Material**	**Preço**	**Quantidade**	**Total**
3	Tijolo	R$ 0.20	360	
4	Lâmpada	R$ 1.20	6	
5	Prego	R$ 0.02	200	
6	Saco de areia	R$ 3.65	15	
7	Saco de cimento	R$ 8.95	6	
8	**Total dos gastos**			

Figura 4.126

Após preenchidos os dados da planilha podemos fazer os totais para achar o total gasto com cada produto, multiplicando o valor unitário pela quantidade comprada. No nosso exemplo será =valor do produto*quantidade, ou seja, **=B3*C3**

	A	B	C	D
1	**Gastos com obras**			
2	**Material**	**Preço**	**Quantidade**	**Total**
3	Tijolo	R$ 0.20	360	=B3*C3
4	Lâmpada	R$ 1.20	6	
5	Prego	R$ 0.02	200	
6	Saco de areia	R$ 3.65	15	
7	Saco de cimento	R$ 8.95	6	
8	**Total dos gastos**			

Figura 4.127

Como aprendemos, podemos copiar a fórmula criada para os outros produtos, poupando tempo e trabalho, e criar novas fórmulas para cada produto.

Para copiar a fórmula para todos os produtos, siga os passos:

Primeiro Passo

 Estando sobre o total do primeiro produto, posicione a seta do mouse para o "quadradinho" no canto inferior direito até formar uma cruz, como mostra a imagem abaixo.

	A	B	C	D
1	**Gastos com obras**			
2	**Material**	**Preço**	**Quantidade**	**Total**
3	Tijolo	R$ 0.20	360	R$ 72.00
4	Lâmpada	R$ 1.20	6	

Figura 4.128

Segundo Passo

Deixando o botão esquerdo pressionado, arraste para os outros produtos.

Pronto!!! Já podemos visualizar o valor gasto com cada produto.

	A	B	C	D
1	Gastos com obras			
2	**Material**	**Preço**	**Quantidade**	**Total**
3	Tijolo	R$ 0.20	360	R$ 72.00
4	Lâmpada	R$ 1.20	6	R$ 7.20
5	Prego	R$ 0.02	200	R$ 4.00
6	Saco de areia	R$ 3.65	15	R$ 54.75
7	Saco de cimento	R$ 8.95	6	R$ 53.70
8	**Total dos gastos**			

Figura 4.129

Agora faremos o somatório de todos os valores gastos com os produtos comprados, sabendo assim o total da despesa.

Para fazer o somatório total dos produtos, siga os passos:

Primeiro Passo

Clique no local onde deseja inserir o total dos produtos comprados, como mostra a imagem abaixo.

	A	B	C	D
1	Gastos com obras			
2	**Material**	**Preço**	**Quantidade**	**Total**
3	Tijolo	R$ 0.20	360	R$ 72.00
4	Lâmpada	R$ 1.20	6	R$ 7.20
5	Prego	R$ 0.02	200	R$ 4.00
6	Saco de areia	R$ 3.65	15	R$ 54.75
7	Saco de cimento	R$ 8.95	6	R$ 53.70
8	Total dos gastos			

Figura 4.130

Segundo Passo

Clique no botão AutoSoma, como mostra a próxima imagem.

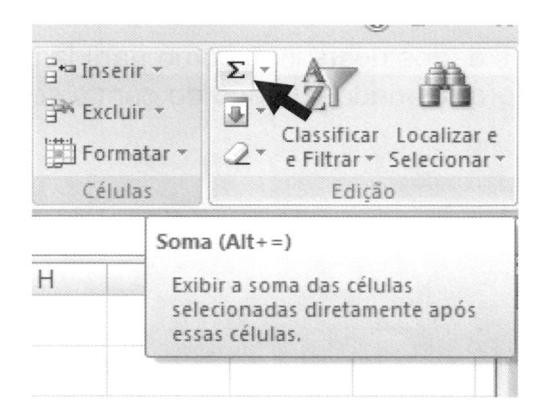

Figura 4.131

Pronto!!! Já podemos saber o total geral gasto com a compra de todos os produtos.

	A	B	C	D
1	Gastos com obras			
2	**Material**	**Preço**	**Quantidade**	**Total**
3	Tijolo	R$ 0.20	360	R$ 72.00
4	Lâmpada	R$ 1.20	6	R$ 7.20
5	Prego	R$ 0.02	200	R$ 4.00
6	Saco de areia	R$ 3.65	15	R$ 54.75
7	Saco de cimento	R$ 8.95	6	R$ 53.70
8	**Total dos gastos**			R$ 191.65

Figura 4.132

Considerações Finais

Como podemos ver, o Excel permite infinitas possibilidades de criação de planilhas, que podem conter inúmeros tipos de dados, controlando assim de uma maneira simples e eficaz os seus dados.

Utilize os exemplos dados neste livro como partida para o que deseja fazer, podendo alterar os dados de acordo com o seu trabalho.

Exercícios

1. Qual é a principal utilidade do Excel?

_____

_____

_____

2. O que são funções?

_____

_____

_____

3. Qual é a função da média?

_____

_____

_____

4. O que é "Estilo de moeda"?

_____

_____

_____

5. Descreva os passos para salvar uma pasta do Excel.

_____

_____

_____

Introdução

Sem dúvida essa é uma ferramenta que veio para mudar a história da humanidade, proporcionando um novo mundo com novas possibilidades.

Com a Internet você poderá: ler e receber e-mails, ler notícias em jornais e revistas, tirar segunda via de contas, conhecer novas culturas, encontrar amigos, falar com filhos e familiares e muitas outras coisas.

História da Internet

A Internet foi criada por volta de 1969 com finalidades militares, mas com o passar dos anos começou a ser utilizada em faculdades com o intuito acadêmico, espalhando-se pelo mundo até chegar aos moldes de Internet que temos hoje.

Informações Importantes

Serão listados algumas informações e termos utilizados na Internet.

Provedor

Empresa que possibilita o acesso do computador aos dados da Internet, podendo esse serviço ser gratuito ou não.

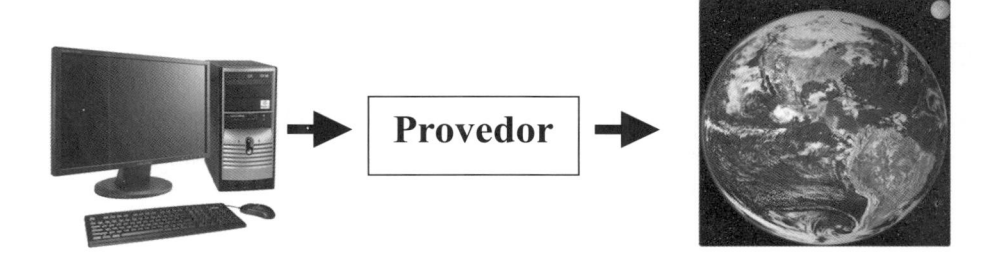

➲ Provedores Pagos

Cobram um valor mensal pelo serviço de acesso à Internet, suporte ao usuário, além de fornecer outros serviços como o conteúdo de jornais, revistas, e outras informações restritas a usuários do provedor.

➲ Provedores Gratuitos

Os provedores gratuitos fornecem o serviço de acesso à Internet gratuitamente, sendo sua receita financeira vinda da publicidade.

Importante

Não importa se o provedor é pago ou gratuito, pois o conteúdo de um site poderá ser visto por ambos provedores, salvo o conteúdo restrito que cada provedor oferece. O grande diferencial entre os provedores pagos e gratuitos é que os provedores pagos fornecem geralmente um melhor acesso à Internet, devido a não ter tantas pessoas como nos provedores gratuitos.

> **Obs.:** Vale lembrar que há provedores gratuitos que fornecem melhores serviços que alguns provedores pagos, cabendo a nós testar a qualidade do acesso à Internet.

Tipos de Acesso

O acesso ao provedor, e conseqüentemente à Internet, pode ser feito basicamente das seguintes maneiras:

➔ **Via Linha Discada**

Neste tipo de acesso é utilizada a linha telefônica. Nesta modalidade o telefone fica ocupado enquanto estiver utilizando a Internet, sendo cobrado o custo de uma ligação para telefone fixo.

➔ **Via Banda Larga com Cabo**

Sem dúvida esta é uma das melhores maneiras de acessar a Internet, pois é cobrado um valor fixo, podendo ficar conectado 24 horas por dia que não será cobrado nada a mais por isso. Além do telefone não ficar ocupado enquanto estiver na Internet, a velocidade de acesso é muito superior em relação à conexão discada.

➔ **Via Rádio**

Semelhante à conexão de banda larga com cabo, mas neste tipo é instalada uma antena de rádio em sua residência ou empresa, onde a conexão é feita via ondas de rádio.

Geralmente este tipo de conexão ainda apresenta algumas deficiências, mas sua qualidade tem sido melhorada ao longo dos anos.

➔ **Via sem fio**

Neste tipo de acesso é instalado no computador ou laptop uma pequena antena que, independentemente de onde esteja, seu computador terá acesso à Internet.

Páginas da Internet

Podemos pensar em uma página da Internet como sendo um livro ou uma revista contendo informações e vários outros conteúdos referentes a esta empresa ou pessoa cujo site estamos acessando.

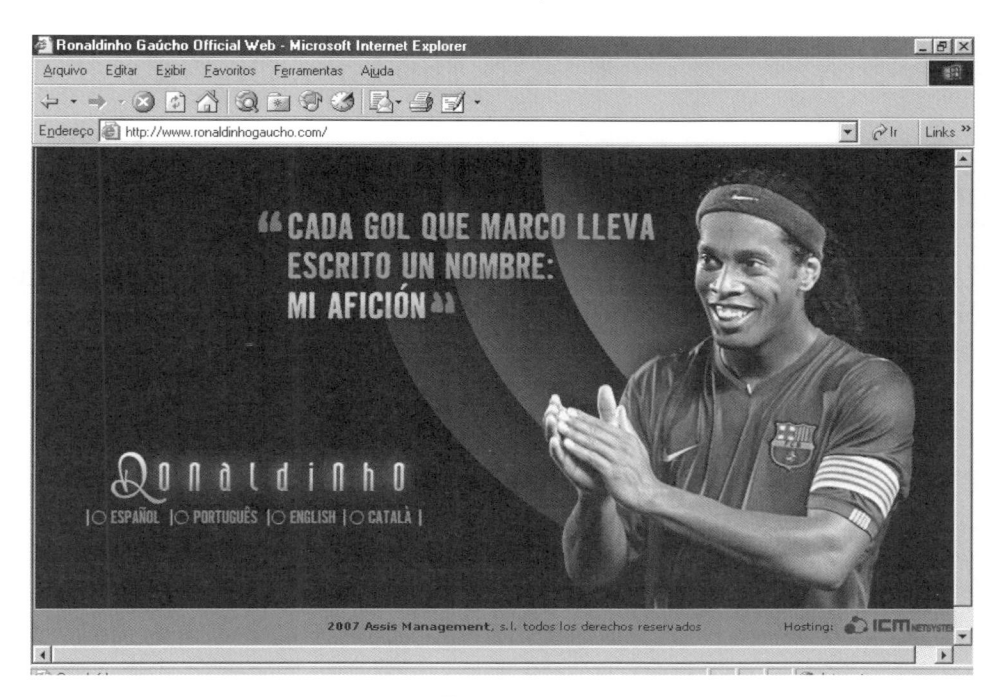

Figura 5.1

Acessando a Internet

Para acessar a Internet, clique duplamente no ícone **Internet Explorer** que se encontra, por padrão, na Área de Trabalho.

Figura 5.2

Caso a conexão seja de banda larga, por padrão, será aberta automaticamente a tela do programa Internet Explorer com algum site carregado.

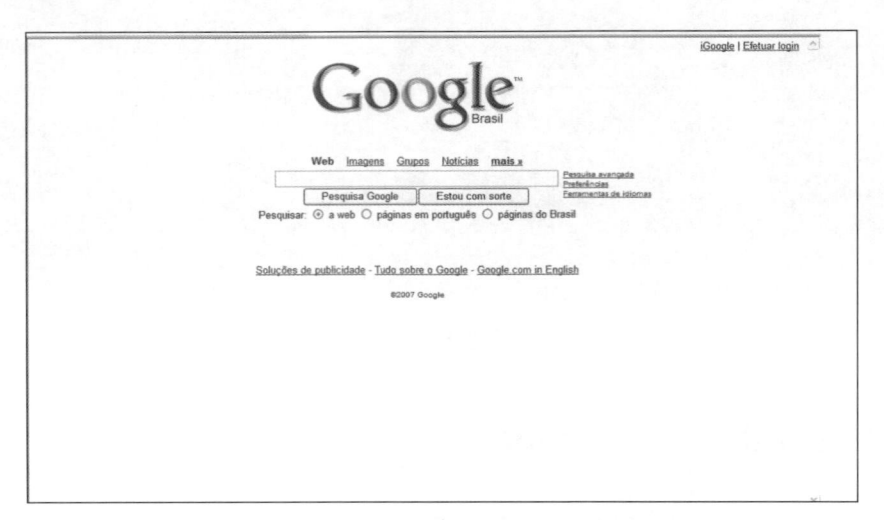

Figura 5.3

Se a conexão for discada (conexão através da linha telefônica), será aberta uma janela para autenticar a conexão com o provedor antes de ser visualizada a tela do programa Internet Explorer com algum site carregado.

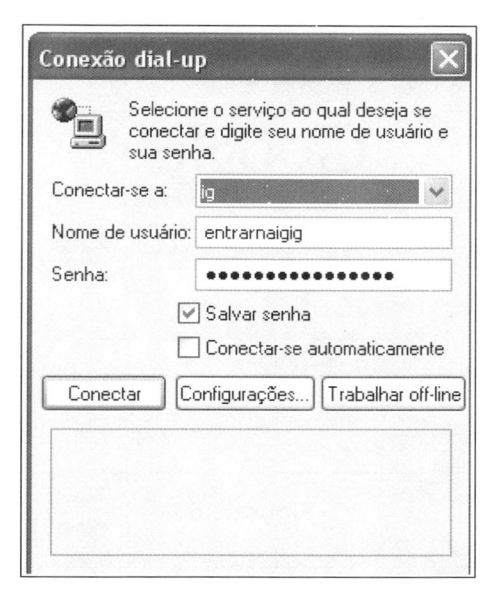

Figura 5.4

Depois de clicar no botão Conectar, o provedor faz uma verificação para saber se este usuário é cliente dele ou não.

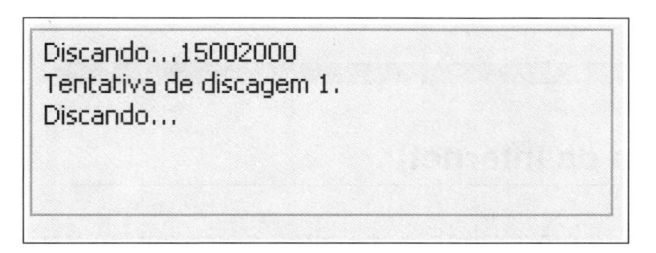

Figura 5.5

Será aberta a janela do programa Internet Explorer, que é o programa de acesso à Internet mais utilizado no mundo e já vem no próprio Windows.

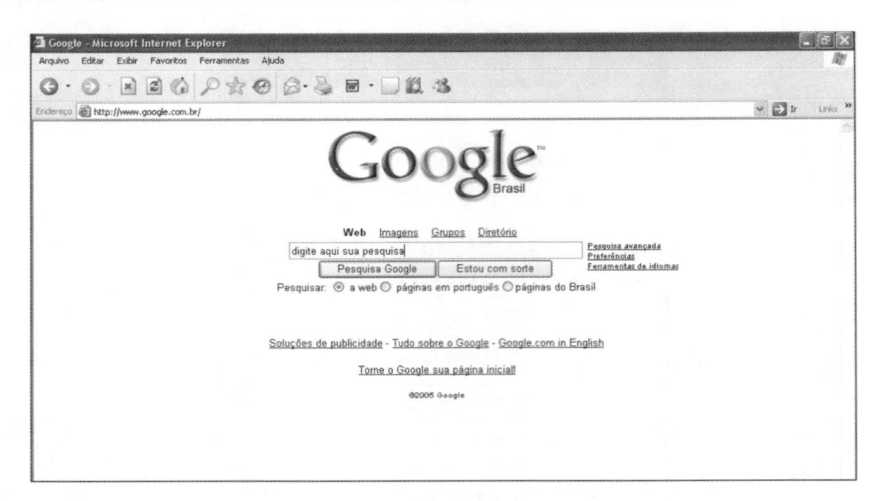

Figura 5.6

Obs.: Essa opção de conexão exigindo uma autenticação também pode ocorrer em banda larga, sendo essas configurações, tanto de banda larga quanto da discada, feitas geralmente pelo técnico que configurou o computador, podendo ser alteradas com o acréscimo de outros provedores para conexão com a Internet.

Site (página da Internet)

Como já vimos anteriormente, os sites apresentam vários conteúdos como: textos, fotos, música e muitos outros, existindo sites de praticamente todos os assuntos imagináveis.

➲ Endereço de site

Quando desejamos entrar em um site devemos saber seu endereço, que por padrão começa com **www**, e após o ponto vem o nome do site.

Exemplo: www.**brasport**

Depois de digitado o nome separado por ponto, digita-se a categoria a que pertence o site que deseja visualizar.

❑ com – Site criado com o intuito comercial.

❑ org – Site de uma organização sem fins lucrativos.

❑ gov – Site do governo.

❑ br – Site brasileiro

> **Obs.:** Não precisamos decorar isso tudo, pois um endereço de site deve ser copiado seja de uma revista, televisão ou outro meio para ser acessado sem maiores problemas.

Como exemplo imagine que está lendo uma revista e vê um anúncio da Editora Brasport dizendo que entrando no site da editora você encontrará várias promoções. Então você anota o endereço do site como mostrado na revista e acessa o site pelo seu computador, podendo conferir as promoções.

Exemplo: www.brasport.com.br

Conhecendo o Programa Internet Explorer

O Internet Explorer é o programa que já vem instalado no computador, permitindo o acesso e visualização dos sites.

Existem vários outros programas com esta mesma finalidade, mas como o Internet Explorer é o programa mais utilizado para acessar sites, utilizaremos o mesmo como padrão.

➲ **Endereço**

Local onde é digitado o endereço do site desejado. Finalize teclando **Enter**.

Figura 5.7

⮑ Endereço já acessado

Caso deseje acessar a algum site que já foi acessado anteriormente, não precisa digitar o endereço do site novamente, pois pode escolher o endereço clicando sobre ele através da "barra de endereços", como mostra a imagem abaixo.

Figura 5.8

⮑ Link

Todo texto ou frase em que, ao posicionar o cursor do mouse ele virar uma "mãozinha", representa que esse é um link e ao ser clicado teremos uma visualização do seu conteúdo.

Figura 5.9

⊃ Localizando Sites

Quando desejamos entrar em um site que não sabemos o endereço, podemos utilizar sites de procura como o conhecido Google, para que ele ache o que procuramos de uma forma rápida e eficaz.

Figura 5.10

Primeiro Passo

Estando dentro do site Google (www.google.com.br), digite o tema que deseja localizar e o idioma. No nosso exemplo, "futebol". A busca será em sites do idioma português.

Clique em **Pesquisa Google** para iniciar a pesquisa.

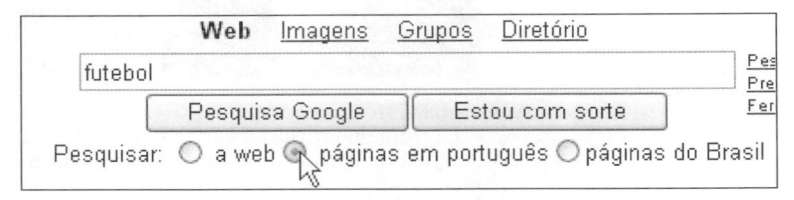

Figura 5.11

Segundo Passo

Nesta janela serão listados todos os sites encontrados que contenham a palavra ou tema que deseja. Clique sobre o site que tiver mais afinidade com o que deseja.

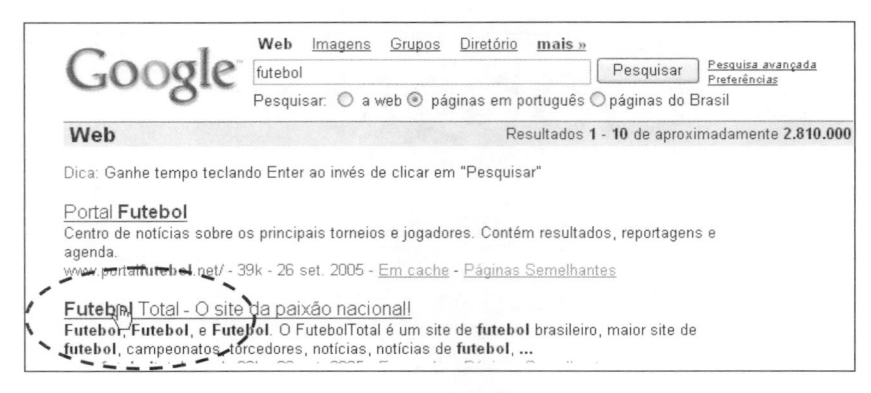

Figura 5.12

Terceiro Passo

Estando o site aberto clique sobre o que deseja, e se o site não é o que esperava, volte ao site de pesquisa do Google e escolha outro.

Figura 5.13

➲ Voltar/Avançar

Utilizando esses botões podemos retornar à página anteriormente vista ou avançar para o site que estava sendo visto antes de retornar para a página anterior.

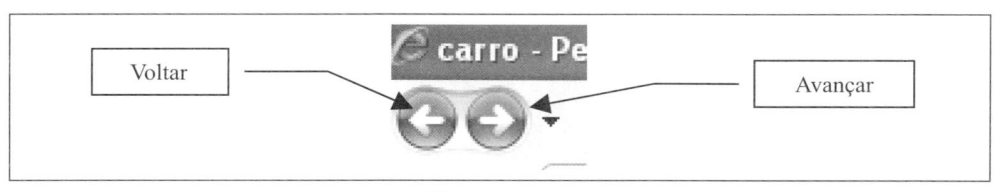

Figura 5.14

➲ Parar

Pode ocorrer a necessidade de parar a abertura de um site clicando neste botão, seja porque está demorando muito ou porque desistimos de acessar este site.

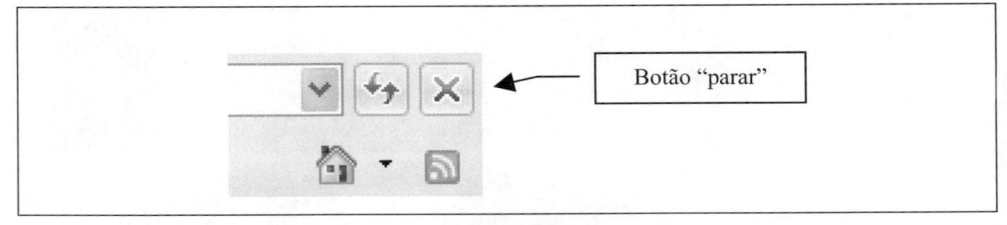

Figura 5.15

○ Copiando Imagens

Podemos copiar fotos ou imagens da Internet que desejamos, seja a foto do netinho que está no site da maternidade, uma foto daquele bolo delicioso ou até mesmo daquela jogada do seu time favorito. Para executar esta tarefa siga os passos:

Primeiro Passo

Clique com o botão direito do mouse sobre a foto que deseja e clique na opção **Salvar Imagem Como**.

Figura 5.16

Segundo Passo

Escolha em qual local deseja salvar a foto ou imagem e qual nome será dado para este arquivo. Para finalizar clique em **Salvar**.

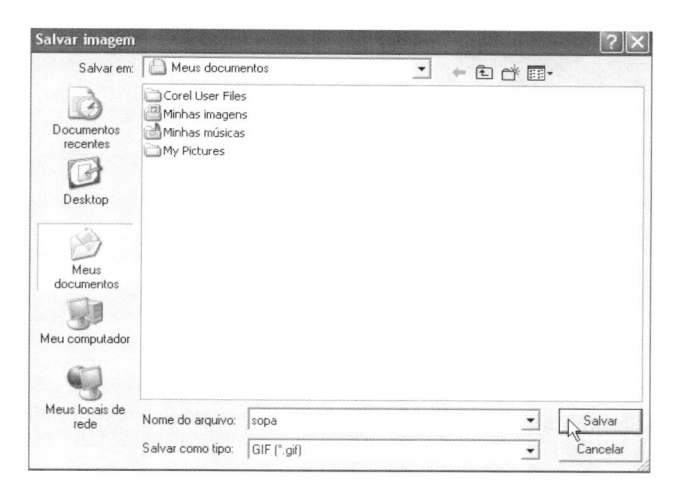

Figura 5.17

➲ Salvando Sites

Quando estamos visualizando um site, pode haver a necessidade de salvar o seu conteúdo, seja uma receita culinária, uma notícia, ou qualquer outro conteúdo que deseja guardar.

Primeiro Passo

Abra o site que deseja salvar. No nosso exemplo, salvaremos uma receita culinária.

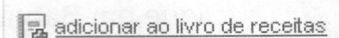

Bolo de Carne à Italiana

☆☆☆☆☆ (4 avaliações)

.A A A
tamanho da letra

📑 adicionar ao livro de receitas

💬 comentar e avaliar receita

📑 adicionar ao cardápio

💚 contar momento de união

📧 enviar por email

🖨 imprimir receita

Tipo de Culinária: Itália
Categoria: Pratos Principais
Subcategorias: Carnes
Rendimento: 7 porções

Máquina Sorvete Expresso
Máq. de sorvete expresso 5
sabores Conheça a máquina
que vale por duas
www.maquinadesorvete5sabores.com

Ingredientes

- 700 gr de patinho moído(s)
- 2 unidade(s) de pão francês umedecido(s)

Figura 5.18

Segundo Passo

Clique no botão 📄 Página ▾ e clique na opção **Salvar como**.

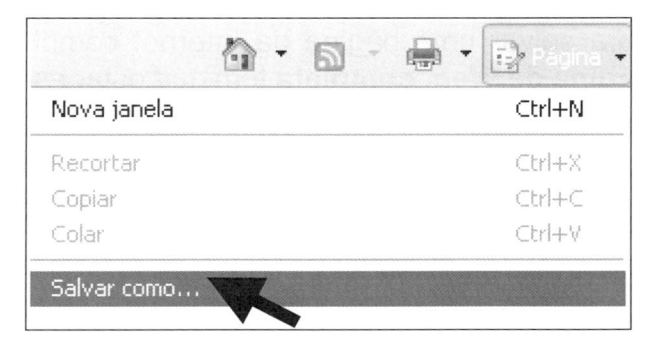

Figura 5.19

Terceiro Passo

Escolha em qual local deseja salvar a foto ou imagem e qual nome será dado para este arquivo, e para finalizar clique em **Salvar**.

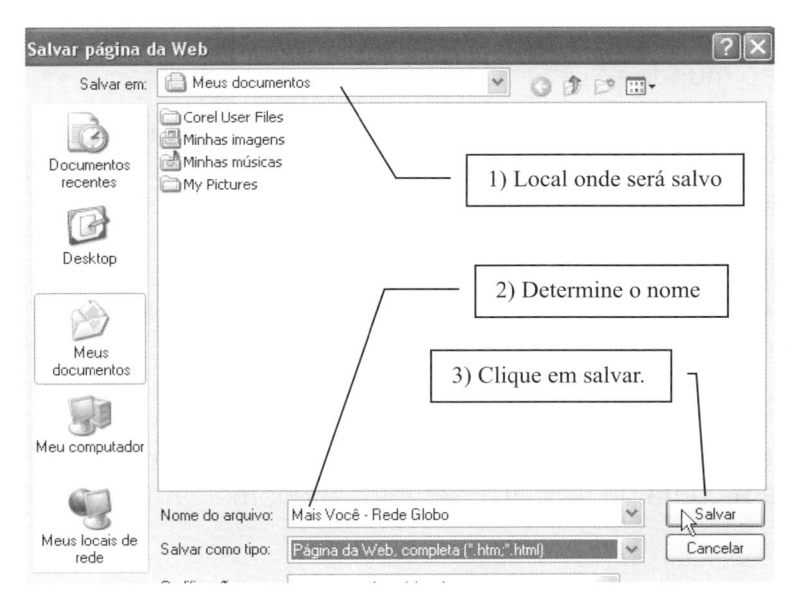

Figura 5.20

DICA:  Para salvar uma página da Internet completa, a opção **Página da Web, completa** tem que estar escolhida; caso contrário, será salvo somente o texto do site.

E-mail

O E-mail nada mais é do que a possibilidade de enviar e receber mensagens pela Internet, como se fosse um serviço dos correios do "mundo real" onde o computador não precisa estar ligado para receber suas mensagens, pois as mesmas ficam armazenadas no provedor de e-mail, que mostrará tais mensagens todas as vezes que acessar este provedor de e-mail.

A utilização do email possibilitou um avanço nas comunicações, pois podemos enviar ou receber mensagens em segundos para qualquer pessoa no mundo.

Por padrão utilizaremos uma conta de e-mail do provedor "Hotmail" (agora chamado de *Windows Live*), que é um dos provedores mais utilizados, para fazer as principais tarefas com um email.

Conceitos Básicos:

Tudo que estiver antes do @ é o nome que foi escolhido quando criada a conta de e-mail.

Exemplo: **wagner**@hotmail.com

Tudo que estiver depois do @ é referente ao nome do provedor onde foi criada a conta de e-mail. Exemplo: seunome@hotmail.com

Resumindo

Tudo que tiver @ é um e-mail, ou seja, não é um site (www) onde podemos ver conteúdos e, sim, um endereço para envio de mensagem.

⊃ Acessando a Conta de E-mail

Para ler ou enviar um email, siga os passos:

Primeiro Passo

Acesse o site do provedor onde possui uma conta de email. No nosso exemplo, o provedor "Hotmail" (www. hotmail.com).

Segundo Passo

No lugar especificado para acesso ao email, entre com o seu email e sua senha.

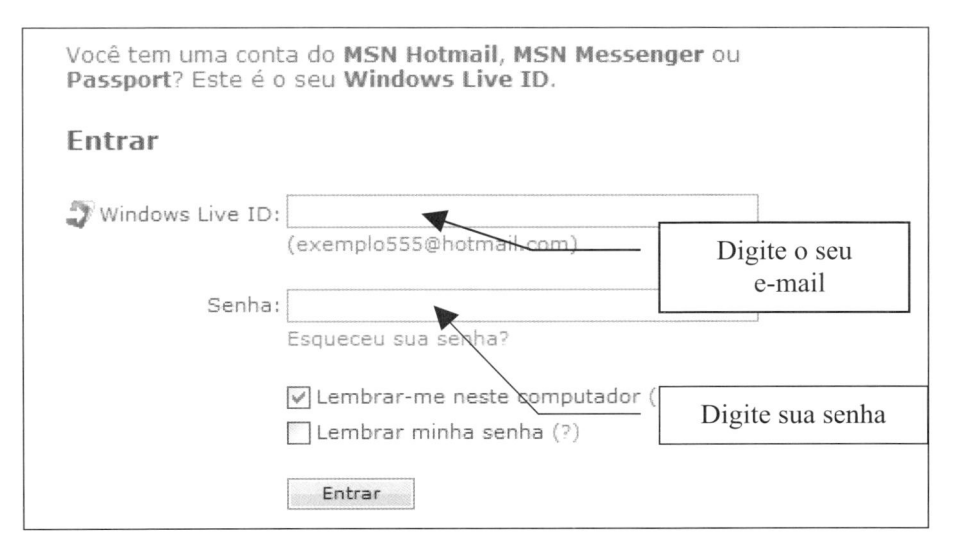

Figura 5.21

➲ Cadastro de E-mail

Caso ainda não tenha um e-mail no hotmail (Windows Live), poderá criá-lo gratuitamente seguindo os passos:

Primeiro Passo

 Clique no botão **Increva-se**.

Figura 5.22

Segundo Passo

 Clique em "*Crie já a sua conta!*"

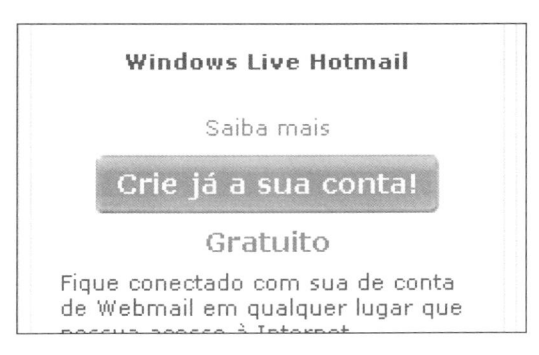

Figura 5.23

Terceiro Passo

Digite o nome que deseja para o seu email e clique em **Verificar disponibilidade**.

Figura 5.24

OBS.: Caso alguém já tenha esse nome, digite outro até que o provedor aceite.

Figura 5.25

Quarto Passo

 Preencha os campos com suas informações e clique em **Aceito** caso concorde com o contrato do provedor, finalizando esta etapa da criação de um e-mail gratuito.

Figura 5.26

➲ Janela do Hotmail

Nesta janela visualizamos do lado esquerdo da tela as possibilidades que o provedor Hotmail oferece, com inúmeros itens para serem utilizados.

Figura 5.27

Tarefas que podem se realizadas com o E-mail:

➲ Ler E-mail

Uma das principais tarefas a ser realizadas é a leitura dos e-mails recebidos de netos, filhos, parentes, amigos ou de outras pessoas. Siga os passos para aprender como realizar esta tarefa:

Primeiro Passo

Clique sobre a opção **Caixa de Entrada** situada do lado esquerdo da tela, visualizando os e-mails recebidos do lado direito.

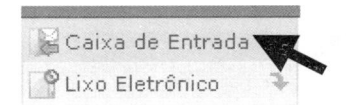

Segundo Passo

Clique sobre o e-mail desejado, para visualizá-lo.

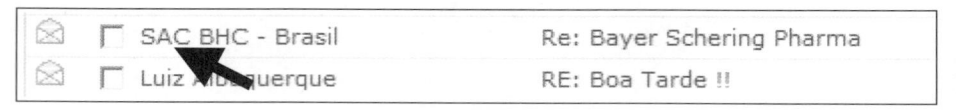

| | SAC BHC - Brasil | Re: Bayer Schering Pharma |
| | Luiz Albuquerque | RE: Boa Tarde !! |

Figura 5.28

Nesta janela, visualizamos o conteúdo do e-mail recebido, sendo possível responder, apagar ou enviar este e-mail para outra pessoa.

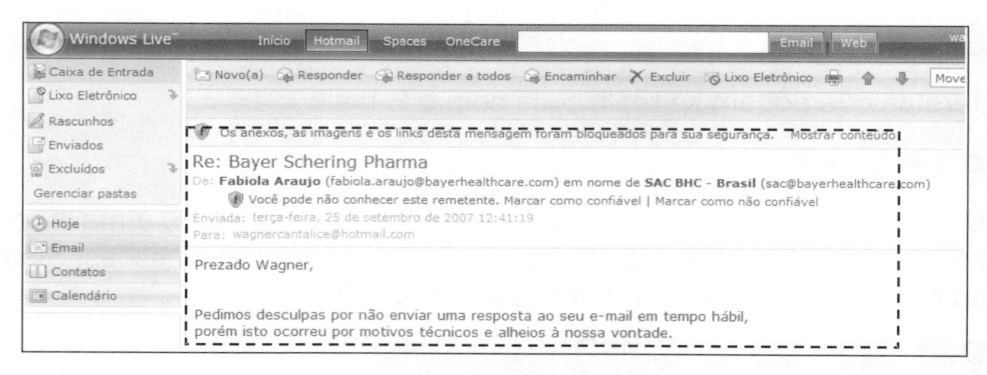

Figura 5.29

◌ Responder E-mail

Primeiro Passo

Podemos responder ao e-mail recebido clicando na opção **Responder**.

Segundo Passo

Digite a resposta que deseja.

Figura 5.30

Terceiro Passo

Clique no botão "Enviar", finalizando o procedimento de resposta ao e-mail recebido.

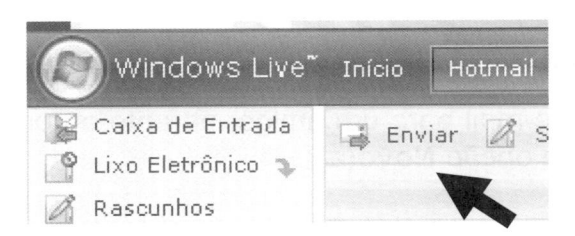

Figura 5.31

➲ Encaminhar E-mail

Esta opção é utilizada quando recebemos um e-mail e desejamos enviar uma cópia para outra pessoa.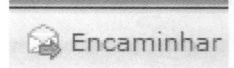

Como exemplo podemos receber um email com uma mensagem super bonita que deseja compartilhar com seus amigos e parentes. Utilizando o "Encaminhar", poderá enviar uma cópia deste e-mail recebido para as pessoas que desejar.

➲ Imprimir E-mail

O e-mail recebido pode ser impresso para ter uma cópia em papel do conteúdo recebido. Para imprimir o e-mail, siga os passos:

Passo

Estando o e-mail recebido aberto, clique na opção **Imprimir**.

➲ Apagar E-mail

O e-mail recebido pode ser apagado clicando na opção "Apagar" quando não o desejamos mais, liberando assim espaço para o recebimento de novos e-mails. Vale salientar que cada provedor de e-mail oferece um determinado espaço para o armazenamento de e-mails, que na maioria das vezes é o suficiente para o recebimento de inúmeros e-mails.

➲ Enviar E-mail

Para enviar um e-mail para um amigo, parente ou outra pessoa que desejar clique na opção **Novo(a)**.

Nesta janela, escrevemos a nossa mensagem.

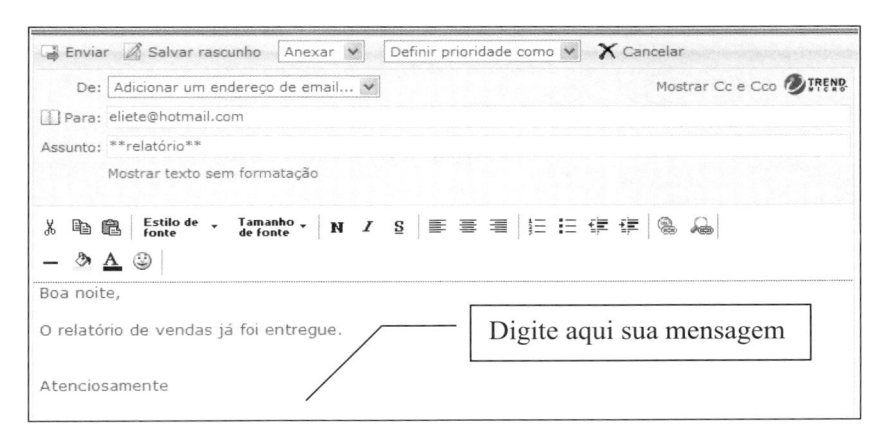

Figura 5.32

Para – Local onde é digitado o endereço de e-mail do destinatário.

Figura 5.33

➲ Cópia

Podemos mandar uma cópia do e-mail para outra pessoa ao mesmo tempo, clicando na opção Mostrar Cc e Cco.

Figura 5.34

➲ CC (Com Cópia)

Local onde é digitado o endereço do segundo destinatário que receberá uma cópia do e-mail que está sendo enviado. Neste recurso, ambos os destinatários visualizarão que o e-mail foi enviado para ambos.

Figura 5.35

⊃ Cco (Cópia Oculta)

Local onde é inserido o e-mail do destinatário que receberá uma cópia do e-mail enviado. Os destinatários não saberão que este e-mail foi mandado para ambos.

Figura 5.36

⊃ Anexo

Quando desejamos enviar para um amigo ou parente um arquivo, que pode ser uma foto, uma música, documento do Word ou qualquer outro tipo de arquivo, utilizamos o **Anexar** para que esse arquivo seja enviado por e-mail.

Siga os passos:

Primeiro Passo

Tendo inserido o endereço de email do destinatário, clique no botão referente a **Anexar** e escolha **Arquivo**.

Segundo Passo

Clique no botão **Procurar** para escolher o arquivo que deseja anexar (manda pelo e-mail).

Para enviar vários arquivos, use **Procurar** e **Adicionar mais arquivos**

Arquivo

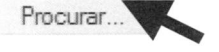

Figura 5.37

Terceiro Passo

Escolha o arquivo que deseja anexar e clique no botão **Abrir** para finalizar.

Quarto Passo

Será mostrado na tela o arquivo anexado. É possível repetir o mesmo procedimento para anexar outros arquivos ao email clicando na opção **Adicionar mais Arquivos**, ou podemos clicar em **Anexar** para finalizar o anexo de arquivos retornando automaticamente para a tela de envio de email.

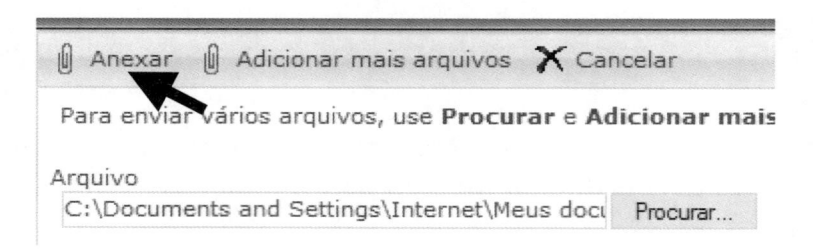

Figura 5.38

Observe na ilustração que o e-mail está agora com o arquivo anexado, sendo enviado automaticamente junto com a mensagem contida no e-mail.

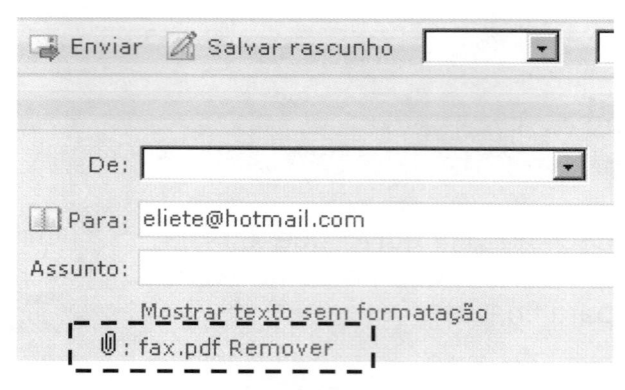

Figura 5.39

MSN Messenger ou Windows Live

O MSN é uma poderosa ferramenta de mensagens, com a qual podemos trocar mensagens com parentes, filhos, amigos ou contatos, não importando em qual parte do mundo eles estejam, tendo um custo muito baixo, pois toda a troca de mensagens é feita pela Internet. Você pagará apenas o valor da Internet e nada mais.

O MSN já vem instalado no computador por padrão, mas nada impede que o baixe pela Internet.

Para começar devemos acessá-lo através do atalho que deve estar como padrão na **Área de Trabalho** ou em outra parte do computador como na **Barra de Acesso Rápido** ou dentro do **Iniciar** na opção **Todos os Programas**.

Janela do MSN

Esta é a tela de entrada do MSN, clique no botão "Iniciar Sessão" para o programa se conectar aos seus contatos e os mesmos poderem entrar em contato com você.

Figura 5.40

➲ Login

Inserimos nesta tela o e-mail e senha para entrar no MSN. Onde emails criados no MSN, Hotmail ou Passport são aceitos automaticamente pelo MSN, mas caso utilize um email de outro provedor, como exemplo: ig, uol, terra e outros, é preciso cadastrá-lo na opção "obtenha um aqui" para que o MSN lhe dê um "Passport" permitindo assim a utilização do programa.

Coloque o email, senha e clique no botão **OK** para que o MSN se conecte.

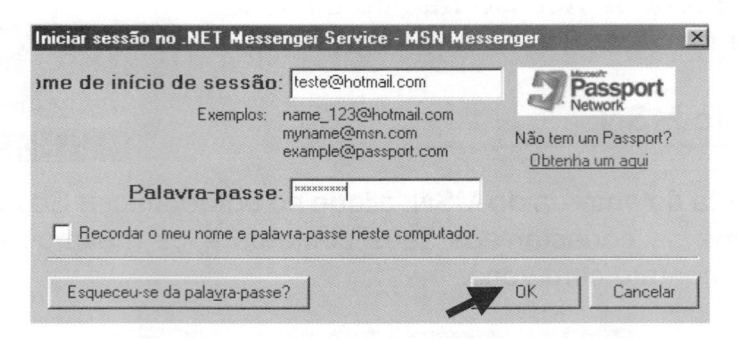

Figura 5.41

Podemos observar nesta tela, as pessoas que estão on-line, ou seja, os contatos (pessoas) que estão com o MSN também aberto, permitindo que troquem mensagens um com o outro. Os Off-line são os contatos que não estão com o MSN aberto, não podendo conversar com os mesmos.

Figura 5.42

Conhecendo a Janela:

⊃ Estado

Determine em que estado o MSN mostrará aos seus contatos, como sendo: Online, permitindo conversas, Off-line, não permitindo conversas, Volto já, Ausente, Ao Telefone, Almoço. Essas determinações de estado servem para que os contatos vejam se estamos disponíveis para conversa ou não.

⊃ E-mail

Caso utilize um e-mail sugerido pelo MSN (hotmail, MSN, passport) pode ser observado se possui algum novo e-mail recebido, podendo clicar para visualizá-lo.

⊃ Contatos

Nesta parte visualizamos os contatos que estão online, possibilitando troca de mensagens, e os off-line, com quem não podemos conversar, pois estão desconectados do MSN.

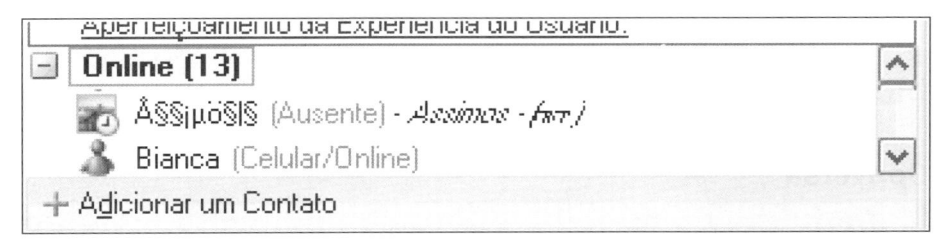

Figura 5.43

⤳ Adicionar contato

Através desta opção podemos adicionar um novo contato ao MSN, possibilitando uma conversa futura.

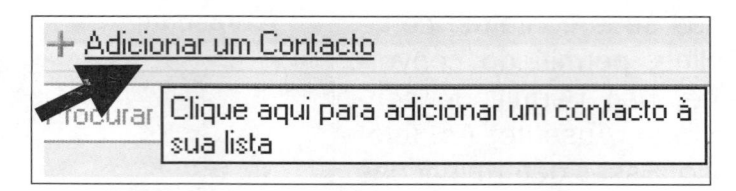

Figura 5.44

Antes de adicionar o e-mail de um amigo ou parente, é preciso que confirme se esta pessoa utiliza MSN, para que haja a possibilidade de troca de mensagens, pois de nada adiantará só você estar conectado no MSN se seus amigos ou parentes nunca vão entrar porque não usam MSN.

⤳ Frase

Clicando nesta opção podemos colocar uma frase para que todos os contatos vejam.

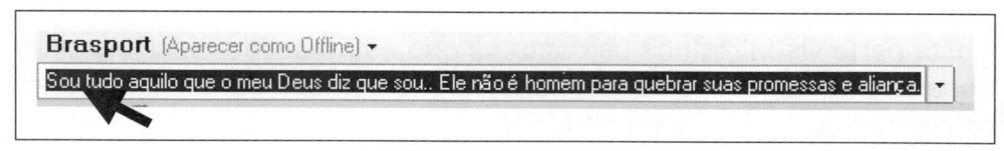

Figura 5.43

Principais Funções

⤳ Conversa

Para chamarmos um amigo que está online para uma conversa, basta clicar duplamente sobre o contato.

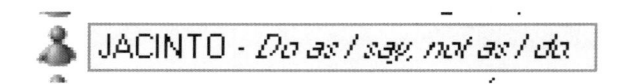

Figura 5.44

Nesta janela, na parte de cima, podemos visualizar a conversa e, na parte de baixo, escrevemos o texto desejado.

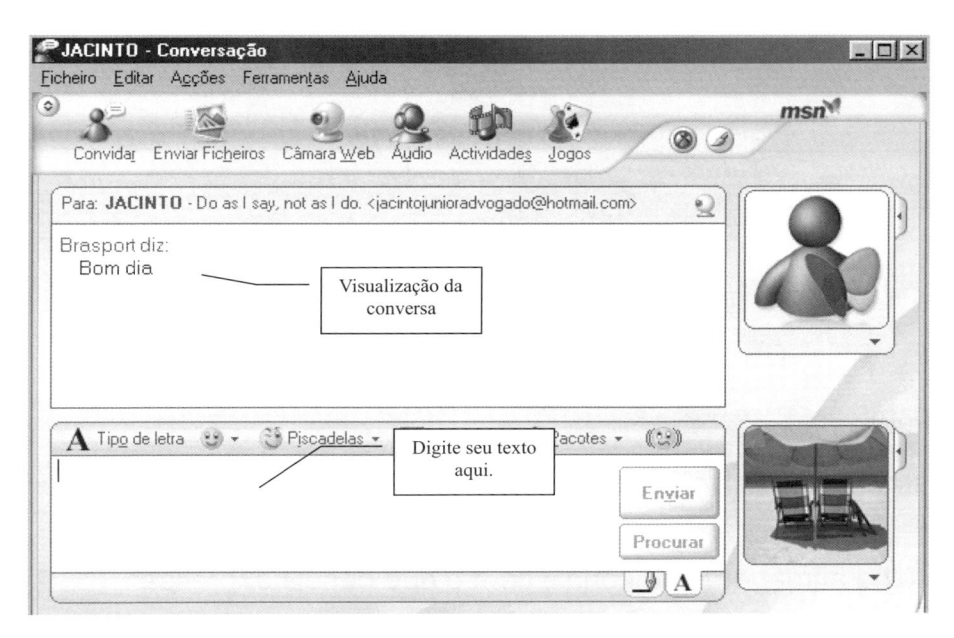

Figura 5.45

Ao digitar a mensagem, podem ser escolhidos recursos para animar e personalizar esta conversa.

➲ **Tipo de Letra** ![A Tipo de letra]

Podemos trocar o tipo de letra e outros recursos de formatação que serão utilizados nas conversas.

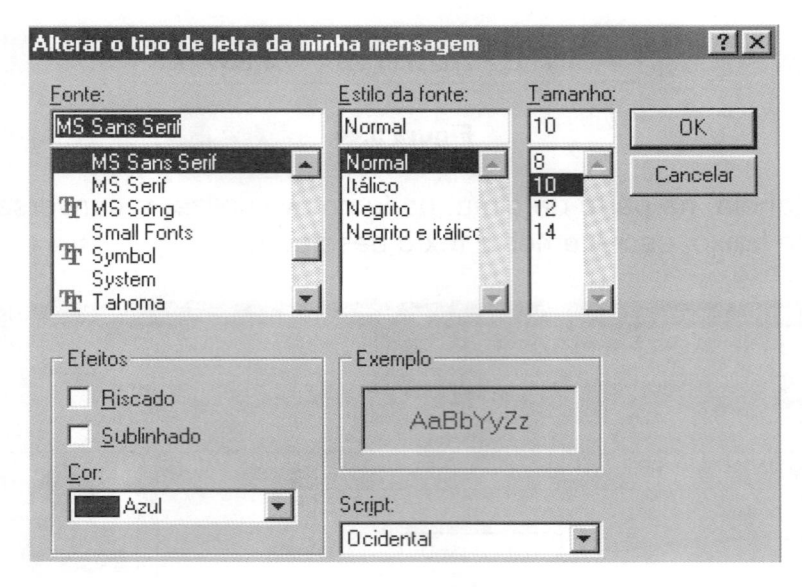

Figura 5.46

ɔ **Ícones**

Nesta opção podem ser adicionados ícones que servem para animar a conversa.

Escolha a imagem que condiz com o que deseja expressar.

Figura 5.47

➲ Outros Recursos

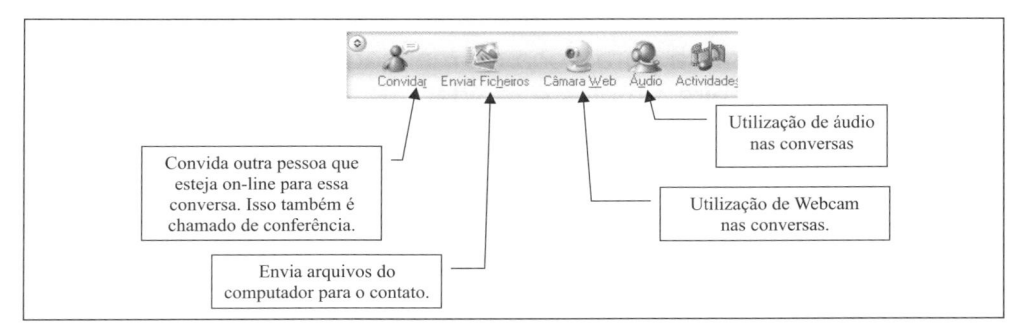

Figura 5.48

➲ Alterando Imagem

Podemos alterar a imagem que será mostrada aos nossos contatos, clicando na seta abaixo da imagem e escolhendo a opção **Alterar a Minha Imagem de Apresentação**, como mostra a figura abaixo.

Figura 5.49

Para finalizar a conversa, basta clicar no botão **Fechar**.

Figura 5.50

Observações Finais

O MSN é um programa para troca de mensagens entre pessoas distantes de uma maneira simples e rápida.

As versões do MSN são atualizadas constantemente, podendo ocorrer a alteração de algum detalhe como ordem, nomes e outros aspectos do que foi mostrado neste livro, mas o conceito é sempre o mesmo, podendo utilizar o que aprendeu em qualquer versão.

O procedimento mais adotado pelos usuários do MSN é, após se logar chamar algum contato que esteja online para uma conversa, ou, após logar no MSN, deixá-lo em segundo plano, ou seja, logar e não conversar com ninguém, mas sim deixar o MSN disponível caso algum dos nossos contatos deseje nos chamar para uma conversa.

➲ **Segundo plano**

Para deixar em segundo plano, após entrar no MSN feche a tela principal.

Figura 5.51

Podemos observar que o MSN está ativo no relógio. Se algum contato lhe chamar para uma conversa, abrirá uma janela com a conversa do seu contato e, caso deseje abrir a tela principal do MSN para chamar algum contato para uma conversa, basta clicar duplamente sobre o ícone do MSN que está, por padrão, no relógio.

Outras Atividades na Internet

Download

Download é possibilidade de copiar algum conteúdo da Internet para dentro do computador. Este download pode ser: um programa, um jogo, uma música ou outro tipo de arquivo.

Existem sites que oferecem músicas para download, outros oferecem programas, e assim temos milhares de sites que oferecem coisas para download.

Um termo muito usado para o download é a pessoa falar que vai baixar da Internet, ou seja, vai fazer um download (cópia) de algum conteúdo da Internet para dentro do seu computador.

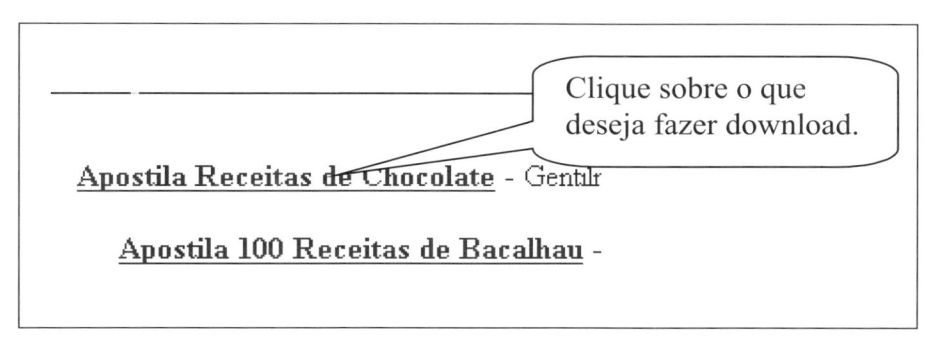

Figura 5.52

Depois de clicado no local informado pelo site para download, aparecerá uma tela para que possa salvar este arquivo.

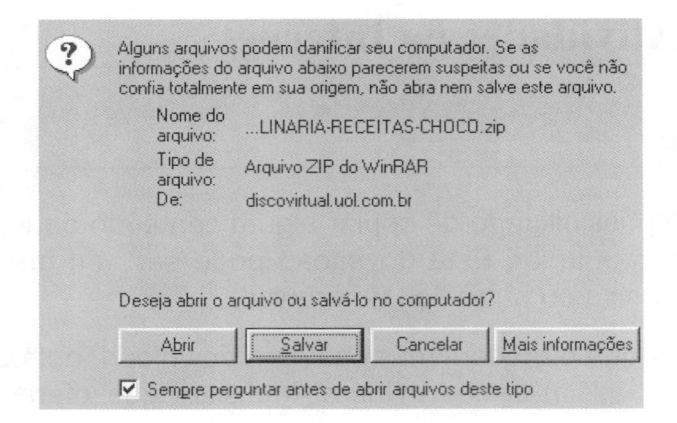

Figura 5.53

Escolha o local e o nome que deseja para este arquivo.

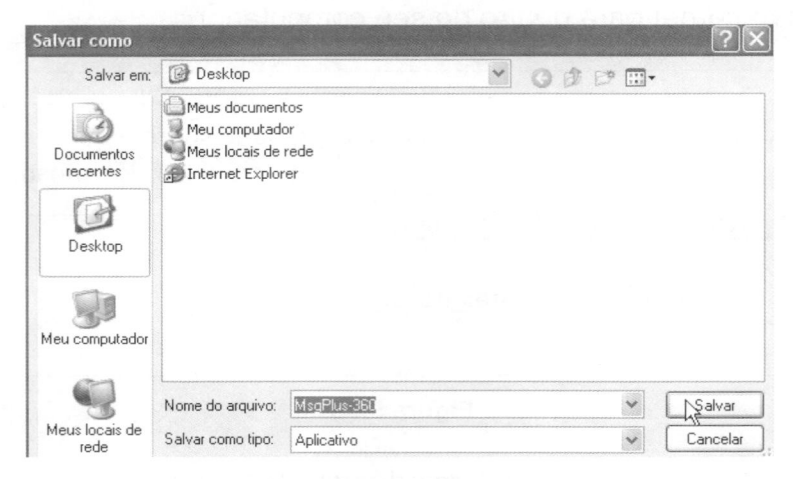

Figura 5.54

Importante

Da mesma maneira que entramos em um site para baixar uma apostila de receitas, baixaríamos uma música, um livro ou qualquer tipo de arquivo que desejamos baixar da Internet, ou seja, salvar um arquivo da Internet para o nosso computador.

Bate-Papos (chat)

Existem vários sites que oferecem salas de bate-papo, onde podemos conversar com várias pessoas ao mesmo tempo e de toda parte do mundo sobre variados temas.

Vale lembrar que as conversas são geralmente feitas por textos onde fazemos perguntas e somos respondidos por esse sistema.

Para utilizar um bate-papo, siga os passos:

Primeiro Passo

Entre em algum site que forneça serviço de sala de bate-papo. No nosso exemplo entre no site da "UOL" (www.uol.com.br) e clique no link posicionado na parte esquerda da tela com o título "Bate-Papo", como mostra a próxima imagem.

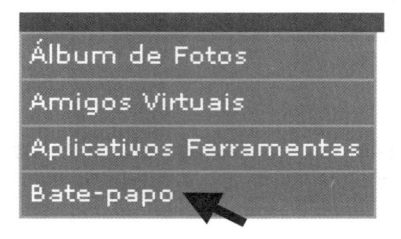

Fig. 5.55

Segundo Passo

Clique sobre o link referente ao grupo em que deseja entrar para conversar.

Figura 5.56

Terceiro Passo

Nesta tela é visualizada a quantidade de pessoas em cada sala de bate papo. Escolha a que deseja através de um clique com o mouse.

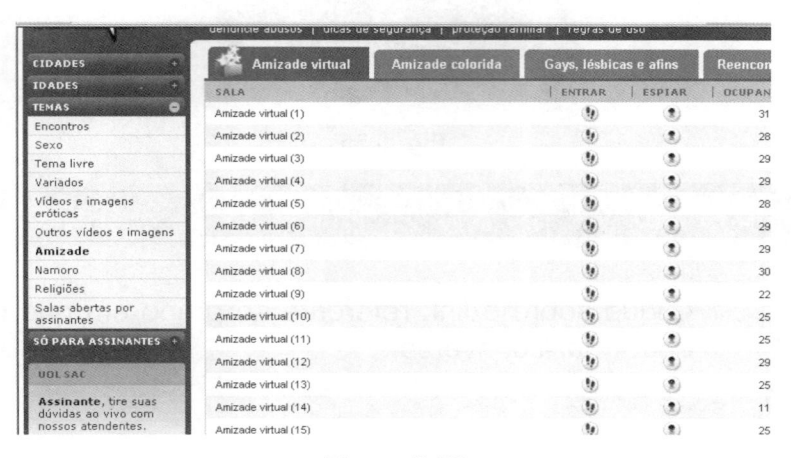

Figura 5.57

Quarto Passo

Nesta tela, digite o código de segurança informado pelo site e digite seu "apelido".

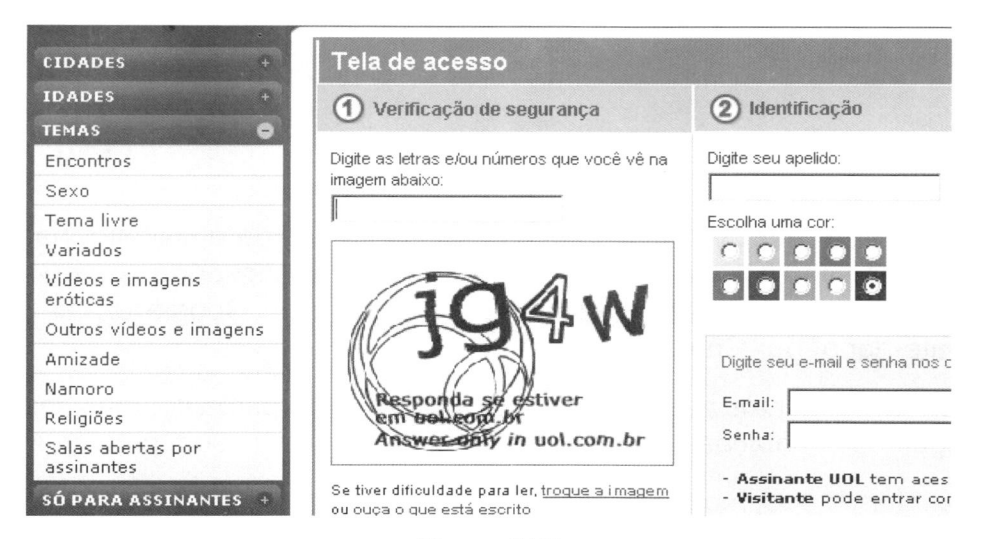

Figura 5.58

Quinto Passo

Nesta tela, conversamos e visualizamos as conversas das outras pessoas em uma mesma tela.

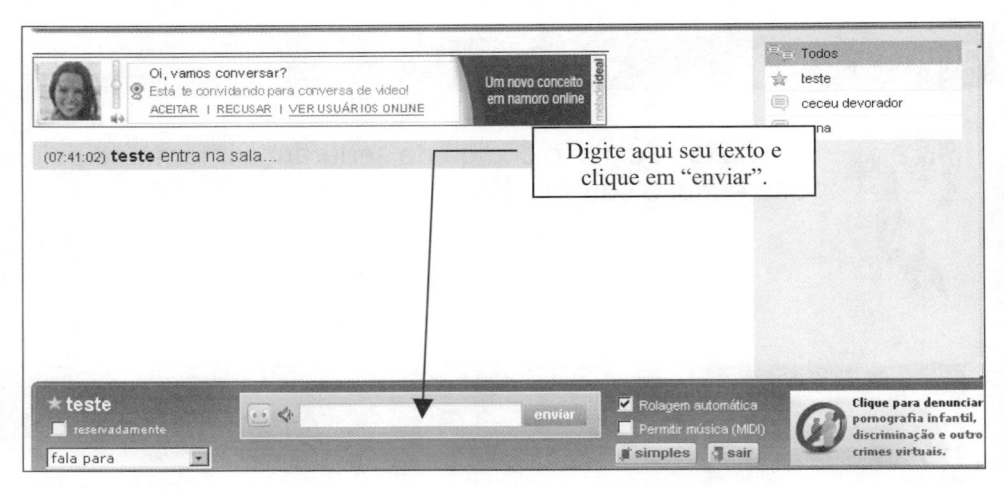

Figura 5.59

Considerações: Visualizamos os procedimentos para utilizar o bate-papo do site UOL, mas poderia entrar em outro digitando seu endereço (www.nomedosite.com.br) ou procurando no Google a palavra "Bate-papo" ou "Chat".

Os procedimentos podem sofrer variações de site para site, mas basta seguir as orientações do site que conseguirá utilizá-lo sem problemas.

Na Internet podemos fazer várias outras atividades, citaremos algumas delas.

⊃ Revistas

Existem vários sites que fornecem a possibilidade da leitura de revistas. Você poderá acessá-lo digitando o endereço do site ou procurando a revista que deseja através de um site de busca.

Figura 5.60

➲ Jornais

Assim como as revistas, existem vários sites que fornecem a possibilidade da leitura de jornais. Você poderá acessá-lo digitando o endereço do site ou procurando o jornal que deseja através de um site de busca.

Figura 5.61

⊃ Leilões

Este é um tipo de site voltado para a compra e venda de produtos. Vale lembrar que como em todo comércio existem os bons vendedores e os "duvidosos". Pesquise os vendedores com melhor reputação e maior garantia.

Figura 5.62

Orkut

Com certeza você já deve ter ouvido falar nesse fenômeno dos últimos tempos. É um site de relacionamento que faz um grande sucesso, pois possibilita o reencontro de amigos e familiares, troca de informações em comunidades de vários assuntos e muito mais.

Para acessar o Orkut, entre no site: www.orkut.com.

Figura 5.63

Nesta tela precisamos inserir e-mail e senha cadastrados no Orkut e clicar no botão **Acessar**.

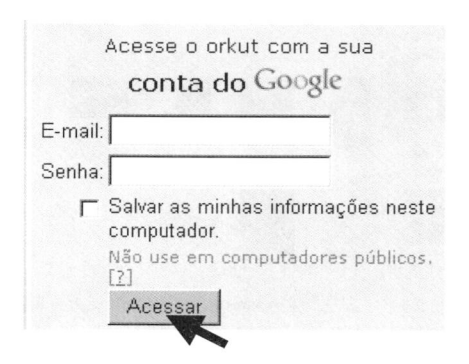

Figura 5.64

Cadastro no Orkut

Caso ainda não seja cadastrado no Orkut, clique na opção **Entre Já**.

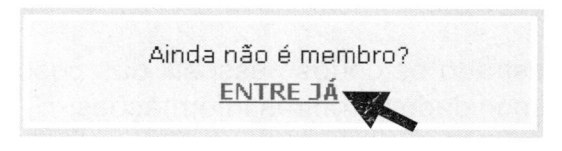

Figura 5.65

Nesta tela, preencha os dados solicitados e clique no botão

Aceito. Criar minha conta. , para finalizar.

Tela do Orkut

Nesta tela podemos ver se recebemos recados, entrar no perfil de amigos para enviar recados, entrar em comunidades e várias outras coisas.

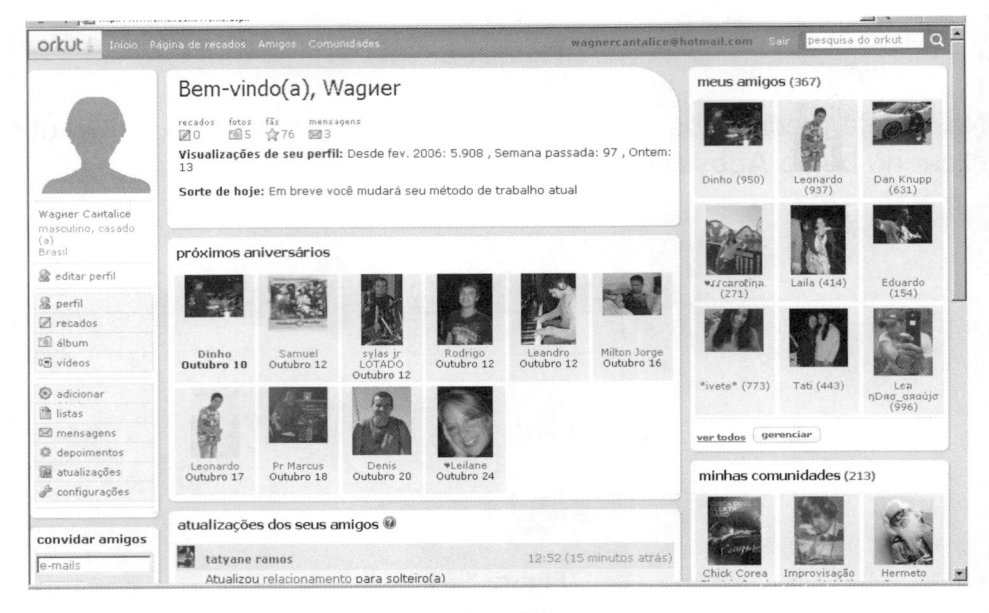

Figura 5.66

Nomenclaturas do Orkut

➲ Perfil

Local onde é mostrado os dados pessoais das pessoas, como seus amigos, suas comunidades e outras informações.

➲ Mensagem ou Scrap

São as mensagens recebidas ou enviadas para as pessoas.

➲ Comunidades

Local que reúne um grupo de pessoas para trocarem informações sobre um tema predeterminado, sendo os temas variados como: "Eu gosto de viajar", "Eu amo cozinhar" e muitas outras milhares de comunidades.

➲ Álbum Fotográfico

Como o próprio nome sugere, o álbum fotográfico é o local onde são inseridas as nossas fotos pessoais para serem visualizadas por visitantes e amigos, compartilhando assim suas emoções com os outros.

➲ Vídeos

O Orkut permite que sejam adicionados em seu perfil vídeos com os quais nos identificamos. Esses vídeos podem estar no perfil de um amigo ou em sites como YouTube e outros.

Conteúdo da Janela

➲ Recados/Fotos/Fãs

Visualizamos nesta opção os recados ou scraps que outras pessoas nos mandaram, as fotos que estão em nosso álbum fotográfico e as pessoas que se declaram fãs.

recados fotos fãs
0   5   76

➲ Aniversários

Nesta parte são exibidas todas as pessoas que fazem parte dos nossos contatos no Orkut e estão fazendo aniversário.

Figura 5.67

➲ Meus Amigos

Local onde são exibidos todos os amigos que compõem o nosso Orkut, podendo entrar em algum deles para mandar recados, ver suas fotos e realizar outras funções.

Figura 5.68

➲ Minhas Comunidades

Local onde ficam armazenadas as comunidades que adicionamos. Podemos entrar para visualizar novidades e trocar experiências.

Figura 5.68

➲ Atualizações

O Orkut oferece a possibilidade de acompanharmos as atualizações dos nossos contatos do Orkut, sejam depoimentos, vídeos, fotos, textos ou outras atualizações.

Figura 5.69

➲ Funções Extras

O Orkut oferece uma lista de funções que podem ser utilizadas, dando maior dinamismo e moldando seu Orkut de acordo com a sua necessidade.

Figura 5.70

Convidar um Contato

Podemos adicionar um novo contato ao nosso Orkut. Esse processo geralmente é feito quando estamos visitando o Orkut de algum conhecido e encontramos amigos em comum. Para adicionar este amigo ou contato desejado, siga os passos:

Primeiro Passo

Estando dentro do Perfil do contato desejado, clique do lado esquerdo da tela na opção **+amigo**.

Figura 5.71

Segundo Passo

 Escolha o grau de proximidade que tem com esta pessoa e clique na opção **Enviar**.

Adicionar amigo

verifique se esta pessoa é sua amiga antes de convidá-la

▼ organize seus amigos

☐ amigos(as)   ☐ melhores amigos(as)
☐ best friends   ☐ não conheço
☐ bons(as) amigos(as)   ☐ school
☐ conhecidos(as)   ☐ work
☐ family   ☐ **Novo grupo**

gerenciar grupos

Figura 5.72

Vale ressaltar que fica a critério da pessoa que está sendo convidada aceitar ou não o convite. Se essa pessoa aceitar, o seu perfil entrará automaticamente na lista de seus amigos.

Enviando Recado

Para enviar um recado para um amigo ou contato, siga os passos:

Primeiro Passo

 Clique sobre a pessoa a quem deseja enviar um recado.

Figura 5.73

Segundo Passo

 Estando no perfil da pessoa que deseja enviar uma mensagem, clique sobre a opção **Recados**.

Terceiro Passo

Clique na caixa para escrever seu recado e depois de escrito clique na opção **Enviar Recado** para finalizar.

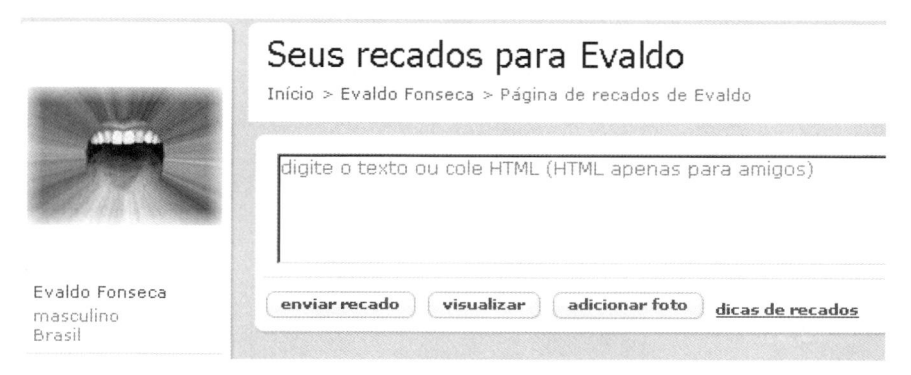

Figura 5.74

Adicionar Comunidade

As comunidades nada mais são do que um grupo de pessoas reunidas para conversar sobre temas os mais variados possíveis.

Podemos procurar por comunidades da empresa que trabalhou, escola onde estudou e qualquer outro local onde possa encontrar seus amigos e conhecidos.

Para adicionar uma comunidade, devemos encontrá-la ou através do perfil de algum amigo que esteja vendo, ou procurar a que deseja no Orkut.

⊃ Comunidades de um Contato

Para visualizar as comunidades de um amigo ou contato, basta clicar na opção **Todas as Comunidades** que serão listadas todas as comunidades desta pessoa, podendo escolher alguma com a qual se identifique.

Figura 5.75

⊃ Pesquisando uma comunidade

Na parte superior direita da janela do Orkut, temos a opção **Pesquisar**. Podemos utilizar o Pesquisar para achar pessoas ou comunidades sobre o tema que desejamos.

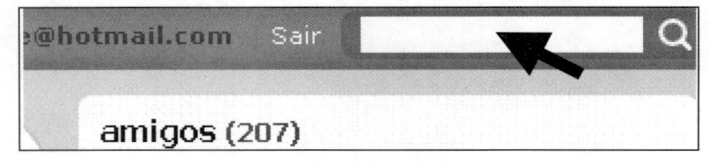

Figura 5.76

Ↄ **Adicionando a Comunidade Desejada**

Tendo encontrado e estando dentro da comunidade que deseja adicionar à lista de suas comunidades, clique na opção **Participar**.

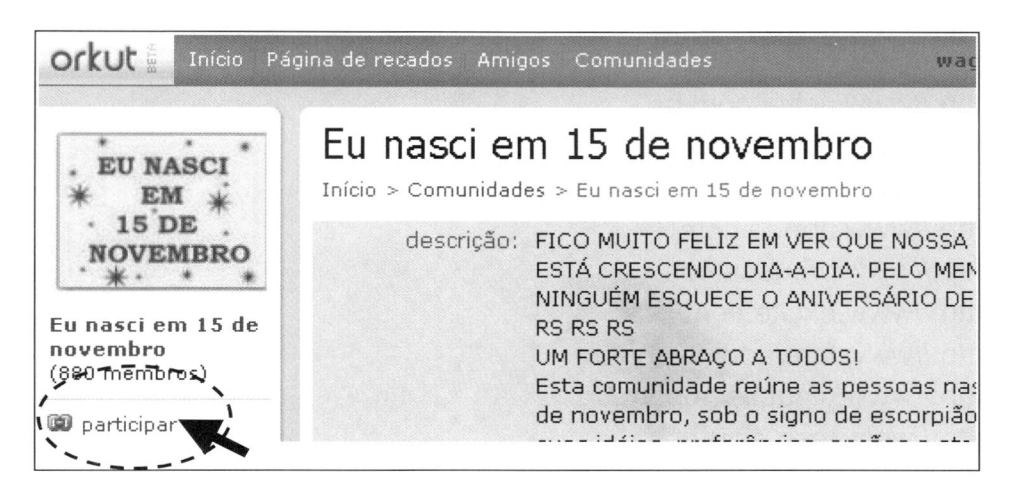

Figura 5.77

Aceitar um Convite

Quando alguém manda um convite para o nosso perfil, recebemos uma informação referente a isso na tela de entrada do Orkut, escolhendo se aceitamos ou não essa pessoa.

Figura 5.78

Endereços de sites

Sites de Busca

http://www.google.com.br/
http://www.cade.com.br/
http://www.achei.com.br/
http://www.altavista.com/
http://www.alltheweb.com/.
http://www.aonde.com/
http://www.brbusca.com/
http://www.excite.com/
http://www.farejador.ig.com.br
http://www.gigabusca.com.br/
http://www.msn.com.br/
http://www.radaruol.com.br/
http://br.yahoo.com/

Sites de Bate-papo (Chat)

http://bpbol.uol.com.br/
http://batepapo.uol.com.br
http://igpapo.ig.com.br
http://chat.terra.com.br
http://videochat.globo.com

Sites de Revistas

http://www.revistas.com.br
http://www.uol.com.br/revistas
http://www.terra.com.br/revistas

Sites de Downloads

http://www.superdownloads.com.br
http://baixaki.ig.com.br

> **Obs.:** Existem vários outros endereços de sites sobre esses tópicos na Internet, esses são os mais utilizados.

Segurança

Algumas providências devem ser tomadas, pois na Internet, assim como no mundo real, existem pessoas mal-intencionadas que prejudicam outras pessoas seja espalhando vírus ou mesmo tentando roubar senhas de contas bancárias e outros dados pessoais.

Calma!!!!

Também não é para perder o sono por causa disso, pois adotando as medidas a seguir poderá utilizar a Internet tranqüilamente e tendo a certeza de que está protegido.

Primeira Medida: Recebendo e-mail de uma pessoa que não conhece e que ainda por cima pede para clicar em um link, **EXCLUA** este e-mail, pois possivelmente é um vírus. A pessoa querendo prejudicar envia um e-mail com vírus se fazendo passar por um de nossos amigos pedindo para clicar em um link que na verdade é um vírus.

Segunda Medida: Instalar um bom antivírus, que impedirá que os vírus e pessoas mal-intencionadas prejudiquem nosso computador, dando tranqüilidade para o acesso à Internet e a utilização do computador.

Terceira Medida: Não fornecer seus dados pessoais a pessoas desconhecidas por e-mail ou em sites suspeitos.

Quarta Medida: Saber junto ao seu provedor, banco ou órgão governamental quais as medidas que pode tomar para proteger ainda mais seu computador.

Concluindo

Tomando as medidas anteriores você poderá utilizar a Internet e aproveitar assim todos os benefícios que a Internet oferece.

Importante

A Internet atualiza constantemente seus dados, layouts e informações, podendo alguma tela ou passo mostrado no livro não ser o respectivo da atual tela.

Considerações Finais

Como podemos aprender neste livro, a informática oferece inúmeros recursos que facilitam as atividades do dia-a-dia e fornece informações de diversas culturas e de todo lugar do mundo.

Faça cada exercício bem devagar e um de cada vez, depois repita novamente, pois é assim que terá tranqüilidade para desenvolver tais tarefas.

Não pense que não é capaz, pois você é de um tempo que não tinha as facilidades e os problemas de hoje, onde somente com persistência foi possível chegar até aqui.

É bem verdade que a informática veio sem pedir licença, alterando todo o nosso cotidiano, não querendo saber se conhecíamos este novo mundo ou não. Mas, como visto neste livro, a informática não tem grandes mistérios.

É muito bom poder vê-lo aqui neste novo mundo, e meu desejo é que ele proporcione muitas alegrias, conhecimentos e faça com que fique mais perto das pessoas que ama, se por uma circunstância da vida estão morando longe, mas com a ajuda da Internet fica tão perto.

Boa sorte e seja bem-vindo!

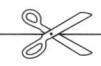

Participe do **BRASPORT INFOCLUB**

Preencha esta ficha e envie pelo correio para a

BRASPORT LIVROS E MULTIMÍDIA

Rua Pardal Mallet, 23 – Cep.: 20270-280 – Rio de Janeiro – RJ

Você, como cliente BRASPORT, será automaticamente incluído na nossa Mala Direta, garantindo o recebimento regular de nossa programação editorial.
Além disso, você terá acesso a ofertas incríveis, exclusivas para os nossos leitores.
Não deixe de preencher esta ficha.
Aguarde as surpresas. Você vai sentir a diferença!

Nome: _____

Endereço residencial: _____

Cidade: _____ Estado: _____ Cep.: _____

Telefone residencial: _____

Empresa: _____

Cargo: _____

Endereço comercial: _____

Cidade: _____ Estado: _____ Cep.: _____

Telefone comercial: _____

E-mail: _____

Gostaria de receber informações sobre publicações nas seguintes áreas:

- ❏ linguagens de programação
- ❏ planilhas
- ❏ processadores de texto
- ❏ bancos de dados
- ❏ engenharia de software
- ❏ hardware
- ❏ redes

- ❏ editoração eletrônica
- ❏ computação gráfica
- ❏ multimídia
- ❏ internet
- ❏ saúde
- ❏ sistemas operacionais
- ❏ outros _____

Comentários sobre o livro _____

_____

_____

Usando o Computador na Melhor Idade sem Limites

**BRASPORT
LIVROS E MULTIMÍDIA**

Cole o selo
aqui

Rua Pardal Mallet, 23
20270-280 – Rio de Janeiro – RJ

Dobre aqui

——————————————————————— Endereço:

——————————————————————— Remetente:

Últimos Lançamentos

Quem Mexeu no meu Sistema?

Alfredo Luiz dos Santos   212 pp. –R$ 49,00

Segurança em sistemas da informação visa dar embasamento teórico em como proteger novos sistemas e adequar sistemas atuais de uma empresa. O livro é destinado aos profissionais de segurança da informação e desenvolvedores interessados em garantir a segurança de seus sistemas.

TI Update

Amaury Bentes   *260 pp. – R$ 57,00*

Estar atualizado sobre as necessidades das grandes organizações na área de TI é hoje uma necessidade vital para quem deseja trabalhar em uma delas, quer como técnico quer como gerente ou executivo. Daí a importância deste livro, que também é de um auxílio inestimável a quem precise causar boa impressão em uma entrevista de admissão em uma grande empresa, pois o conhecimento das necessidades e tendências da TI nas corporações é um diferencial valioso

Adobe Flex Builder 3.0 - Conceitos e Exemplos

Daniel Pace Schmitz   180 pp. –R$ 45,00

Apresenta as duas linguagens de programação ActionScript 3.0 e MXML para o desenvolvimento de aplicativos, abordando os conceitos principais de cada linguagem e exemplificando os seus comandos mais importantes. Ao final do livro são apresentados quatro exemplos de aplicações envolvendo os conceitos mais importantes que o Adobe Flex possui.

Excel do Básico ao Avançado

Wagner Cantalice   *258 pp. – R$ 55,00*

Excel é o programa mais utilizado para o desenvolvimento de planilhas eletrônicas. Possui inúmeros recursos que facilitam muito o nosso dia-a-dia. Este livro é uma grande ferramenta de aprendizado tanto para o leitor que nunca trabalhou com Excel como para os leitores que já trabalham com Excel mas desejam aprender seus recursos avançados, aumentando as possibilidades que podem ser utilizadas na criação das planilhas eletrônicas.

Desenhando moda com CorelDRAW

Daniella Romanato   *254 pp. – R$ 98,00*

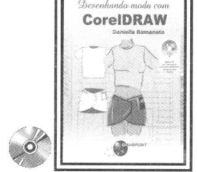

Primeiro livro específico de CorelDRAW para moda! Este livro ensina, passo a passo, a utilização de todas as ferramentas do programa direcionadas ao público de moda, da indústria têxtil, estudantes dos cursos de moda e também profissionais da área de design em geral que queiram aprender a desenhar moda digital. O CD-ROM que acompanha o livro contém ilustrações do livro e mais 200 desenhos técnicos de roupa feminina para serem usados, reaproveitados ou transformados.

Sockets Linux

Maicon Melo Alves   *328 pp. –R$ 69,00*

Este livro aborda os principais conceitos relacionados a um recurso de comunicação entre processos, chamados sockets. Com o uso dos sockets é possível criar meios para que os processos se comuniquem no Linux, tanto através da rede quanto localmente. Com as informações aqui apresentadas, o leitor estará apto a criar clientes e servidores TCP ou UDP e a adquirir conhecimento necessário para utilizar os sockets como um recurso de comunicação local.

BPM & BPMS

Tadeu Cruz   *292 pp. – R$ 63,00*

Neste livro você aprenderá sobre a desorganização informacional e as tentativas de organizar dados, informações e conhecimento, como o conceito Computer-Supported Cooperative Work e as ferramentas que foram desenvolvidas com aderência a este conceito. Também vai aprender o que é Business Process Management - BPM e Business Process Management System - BPMS e as diferenças e semelhanças com o software de Workflow.

Estratégias de E-mail Marketing

Muril Gun / Bruno Queiroz   *224 pp. – R$ 49,00*

O objetivo deste livro é apresentar o e-mail marketing como estratégia de marketing direto capaz de proporcionar resultados para as empresas. O livro está dividido em oito capítulos, sendo os quatro primeiros com foco teórico, abordando marketing direto, e-mail marketing, spam e marketing de permissão, e os quatro últimos com foco prático, com orientações para construção de mailing, criação da newsletter, "entregabilidade" e mensuração dos resultados.

Gravando CD e DVD em Linux

Adilson Cardoso   *200 pp. – R$ 45,00*

Esta obra apresenta as principais características dos sistemas de gravação tanto em modo texto como em modo gráfico. O livro aborda de forma clara e objetiva os principais comandos, não sendo necessário que o leitor possua muita experiência com o Linux, mas algum conhecimento e vivência com Informática. É uma publicação voltada para profissionais da área, estudantes e iniciantes. Ao final do livro, o leitor deverá ter condições de planejar, instalar, configurar, operar e gravar suas informações.

Design para Webdesigners

Wellington Carrion   *188 pp. – R$ 44,00*

Este livro é para jovens designers e profissionais que desejam aprimorar suas idéias e necessitam de um apoio regrado às diferentes vertentes do design e da arte. Aqui você encontrará estudo aprofundado das cores, esboços, perspectiva, técnicas e exemplos de minimalismo, iconografia, harmonia estética, composição, leitura de imagem, acessibilidade e usabilidade, dicionário de símbolos, expressões idiomáticas, mnemônicos, definição de arte, técnicas para criação de portfólio etc.

Adobe InDesign CS3

Renato Nogueira Perez Ávila — *192pp. – R$ 47,00*

O livro aborda aquela que vem se mostrando a mais versátil e sofisticada ferramenta de texto dos últimos tempos, com ênfase em seu melhor recurso, a modularidade. O livro ensina a criar páginas, inserir textos, aplicar cores, conversões de vários tipos, vinculações e mesclagens com o uso de suas ferramentas de forma simples e direta com recursos visuais. Contém informações comentadas passo a passo visando facilitar a leitura.

Estrutura de Dados com Algoritmos e C

Marcos Laureano — *182 pp. – R$ 45,00*

O material foi preparado com a experiência do autor em lecionar a disciplina, somada à sua experiência profissional. Outros professores e coordenadores de cursos foram consultados, com isto este material tem os assuntos pertinentes à área e pode ser adotado tranqüilamente em cursos de 40 ou 80 horas de Estrutura de Dados ou Programação de Computadores. Os algoritmos podem ser aplicados e convertidos para qualquer linguagem de programação, os programas em C são simples e objetivos, facilitando o entendimento dos estudantes e profissionais que não dominam totalmente esta linguagem.

Internet: O Encontro de 2 Mundos

iMasters — *232 pp. – R$ 49,00*

O objetivo deste livro é justamente reunir não apenas textos, mas sim conselhos, desafios e reflexões de 44 dos profissionais mais admirados e influentes do mercado brasileiro, um dos mais respeitados do mundo quando a palavra-chave é Internet, sejam eles sobre comunicação, tecnologia, direito, publicidade, comércio, gestão, empreendedorismo, blogs, webwriting, usabilidade, conteúdo ou carreira.

Certificação PMP 2a edição

Armando Monteiro — *282 pp. – R$ 57,00*

Este livro foi desenvolvido para ser utilizado em conjunto com o PMBOK Terceira Edição. Os dois materiais são complementares e utilizados em conjunto aumentam as chances de passar na prova de certificação PMP junto ao PMI. Os capítulos do livro apresentam os tópicos mais cobrados no exame de certificação, e ao final de cada capítulo foram disponibilizados exercícios com questões comentadas. Esta segunda edição, além de ter sido revisada, traz um novo capítulo só com exercícios simulados para melhor fixação do conteúdo.

Dominando o Second Life

Cláudio Ralha — *264 pp. – R$ 50,00*

Este livro tem o objetivo de ser o seu guia no Second Life. Aprenda a dar os primeiros passos, desde a criação da sua conta até a instalação e configuração do programa, o que é preciso saber para se tornar um residente experiente, os detalhes da economia do Second Life, incluindo formas de ganhar dinheiro com vários tipos de atividades, dicas de usabilidade, macetes de especialistas, roteiros para as opções mais complexas, lista dos melhores locais para turismo, diversão, namoro, compras e estudo, além de endereços de Web sites especializados para você aprender ainda mais sobre o mundo virtual.

Programação Shell Linux 7a edição

Julio Cezar Neves — *488 pp. – R$ 95,00*

De forma didática e agradável, peculiar ao autor, o livro é uma referência sobre o ambiente Shell, apresenta inúmeros exemplos úteis, com dicas e aplicações para o dia-a-dia dos analistas, programadores e operadores que utilizam esses sistemas operacionais. Esta sétima edição foi atualizada com as novidades que surgiram no Bash 3.0 e incluiu um apêndice sobre navegação usando sockets. O CD-ROM que acompanha o livro contém todos os exercícios do livro resolvidos e alguns scripts úteis

Java em Rede - Programação Distribuída na Internet

Daniel Gouveia Costa   *312 pp. – R$ 75,00*

Usando o suporte oferecido por Java nessa área, o livro pretende auxiliar no estudo das redes de computadores modernas, em especial da Internet. Mesclando teoria de redes e programação orientada a objetos, o livro é tanto um suporte aos cursos de rede de computadores como um guia para a programação em rede com Java.A utilização prática das estruturas de rede através da programação é uma boa ferramenta no auxílio ao estudo dessa área. Inclui CD-ROM com exemplos práticos do livro.

Criando um CSIRT - Computer Security Incident Response Team

Mário César Pintaudi Peixoto   *188 pp. – R$ 45,00*

Possuir hoje um grupo de respostas aos incidentes de segurança torna-se praticamente um pré-requisito fundamental para as organizações de qualquer segmento que buscam cada vez mais primar pela segurança de suas informações, diminuindo o risco de novas ameaças, sejam elas de fora para dentro ou internamente mesmo. Portanto, o leitor poderá observar e entender melhor os desafios inerentes à jornada de montar uma equipe preparada para o combate e resposta aos incidentes, desde os diferentes aspectos básicos até a níveis de preparação organizacional, legal e de segurança.

Implementando a Governança de TI - da Estratégia à Gestão de Processos e Serviços 2a. edição

Aguinaldo Aragon Fernandes / Vladimir Ferraz de Abreu   *480 pp. – R$ 88,00*

Nesta nova edição são analisadas as características e benefícios de mais de 25 modelos de melhores práticas que podem ser aplicados aos processos de TI, dentre eles: CobiT versão 4.1, Val IT, ITIL versão 3, ISO 20000, os principais modelos do PMI (PMBOK, Gestao de Portfolio, Gestão de Programas e o modelo de maturidade OPM3), a PRINCE2 e seu modelo de maturidade, ISOx 27001 e 27002, eSCM-SP e eSCM-CL, CMMI V 1.2, BSC, Seis Sigma, SAS 70 e outros modelos. Além disto, representa de forma mais clara o relacionamento entre os modelos de melhores práticas.

Gerenciando Projetos com Primavera Enterprise 6 - Client/ Server

Joyce Gomes da Silveira   *368 pp. – R$ 90,00*

Este livro foi escrito para suprir uma necessidade de mercado, devido à falta de literatura sobre a ferramenta Primavera Enterprise em português. Através do exemplo de um plano de projeto, evidencia os conceitos das boas práticas contidas no PMBOK 3ª edição, relacionando cada fase de um projeto (iniciação, planejamento, execução, monitoramento e controle e encerramento) com um passo-a-passo do que deve ser realizado na ferramenta em contrapartida. Aborda gerenciamento de projetos, recursos, portfólios etc.

Programação Orientada a Objetos com Java 6

Roberto Serson   *492 pp. – R$ 120,00*

Por meio de um texto conciso e didático, este livro é recomendado tanto para cursos universitários de programação orientada a objetos quanto para leitores autodidatas. A versão utilizada é a 6 (mustang) e dentre os assuntos abordados em detalhes, destacam-se: Sintaxe da linguagem, Estruturas de seleção e repetição, Conceitos básicos de orientação a objetos, Encapsulamento, Herança, Classes abstratas, Polimorfismo, Interfaces e muito mais. O CD-ROM que acompanha o livro inclui JDK 6 - Windows e Linux, Eclipse e todos os programas do livro.

 BRASPORT

BRASPORT LIVROS E MULTIMÍDIA LTDA.
RUA PARDAL MALLET, 23 – TIJUCA – RIO DE JANEIRO – RJ – 20270-280
Tel. Fax: (21) 2568.1415/2568-1507 – Vendas: vendas@brasport.com.br

Morada do Livro
Impressão e acabamento
e-mail: moradadolivro@moradadolivro.com.br
Tel/Fax: (21) 3278-6511